Schizophrenie

Erkennen und Verstehen in Fragen und Antworten

Prof. Dr. med. Volker Faust

Arcis Verlag

Prof. Dr. med. Volker Faust
PLK Weissenau,
Abteilung Psychiatrie I
der Universität Ulm
D-88214 Ravensburg-Weissenau

Die Deutsche Bibliothek – CIP-Einheitsaufnahme

Faust, Volker:
Schizophrenie : erkennen und verstehen in Fragen und Antworten / Volker Faust. – München : Arcis -Verl., 1996
ISBN 3-89075-093-1

Arcis Verlag GmbH, München 1996
Titelbild: Günter Benedde
Gestaltung: Erasmi & Stein, München
Redaktion: Margit Schork, Ulrich Zipper
Printed in Germany:
Ziele Druck GmbH, Dornach

Die Illustrationen wurden mit freundlicher Genehmigung des Autors entnommen aus:
Leo Navratil: Die Überlegenheit des Bären.
Theorie der Kreativität.
Aus der Reihe: Der andere Blick (Hrsg. Walter Pöldinger).
Arcis Verlag, München 1995 (ISBN 3-89075-066-4)

Gedruckt auf chlorfrei gebleichtem Papier.
ISBN 3-89075-093-1

Inhalt

Den Betroffenen und
ihren Angehörigen gewidmet

Vorwort

Keine seelische Störung ist so schwer zu erkennen, so schwierig zu verstehen und vielfach so mühsam zu betreuen wie die Schizophrenie. Dabei wäre gerade hier eine rechtzeitige Diagnose und damit gezielte und konsequente Therapie so wichtig. Die Wirklichkeit sieht anders aus.

Eine große, eine unnötig große Zahl von Betroffenen wird auch heute noch viel zu spät als seelisch krank erkannt. Zuvor hat man sich Monate, ja Jahre gewundert, gegrämt, geärgert, hat endlose Diskussionen und unnötige Auseinandersetzungen mitgemacht, zermürbende Situationen durchlitten, vielleicht schon unangenehme Szenen ertragen, ist voller Resignation, Bitterkeit, Hoffnungslosigkeit, auf jeden Fall »mit Geduld und Nerven am Ende«. Warum?

Nicht so sehr, weil man überhaupt nicht daran gedacht hätte. Irgendwann wird auch einmal eine seelische Krankheit in Erwägung gezogen. Nein, weit mehr, weil nicht sein darf, was nicht sein soll. Weil viel zu lange die erst bequeme, später verzweifelte Selbsttäuschung jegliche realistische Einstellung und damit vernunftgesteuerte Reaktion niederhält. Und nach und nach wird es auch immer schwerer, den Betroffenen zum Arzt zu schicken.

Das schizophrene Leiden ist keine Störung, die durch Schmerzen oder Funktionseinbußen eine rasche Arzt-Konsultation erzwingt. Die Schizophrenie beeinträchtigt auf anderen Ebenen: Gemüt, Verhalten, Kontakt, Leistungsfähigkeit usw. Das ist zwar bei den meisten seelischen Störungen nicht anders, doch bei der Schizophrenie kommt noch etwas Besonderes hinzu: das negative Bild dieser Krankheit in der öffentlichen Meinung. Oder besser: das scheinbar negative Bild. Denn wenn man genau nachfragt können die wenigsten mit einer schizophrenen Psychose etwas anfangen, halten sich an die bekannten spektakulären Symptome und damit an so manche Vorurteile und sind sich vor allem eines: unsicher. Das ist das Los, das viele seelisch Kranke belastet, besonders aber schizophrene Menschen. Nichts ist verhängnisvoller als Halbwissen oder gar Unkenntnis.

Die Betroffenen und ihre Angehörigen spüren das. Das schizophrene Krankheitsbild ist in der Öffentlichkeit deshalb so stigmatisiert, weil man meint, dieses Leiden gehöre nicht zu uns, schizophren Erkrankte seien uns fremd, ihr Verhalten nicht nachvollziehbar bis bizarr, ganz zu schweigen von ihrer Gefährlichkeit. Schlimmer kann es einen Kranken zu seinem Schicksal hin nicht treffen. Und in der Tat: Wenn im Laufe der Erkrankung nicht alles getan wird, was die Psychiatrie an diagnostischen und therapeutischen Möglichkeiten inzwischen zur Verfügung stellt, dann wachsen neben den Verhaltensauffälligkeiten vor allem das Leistungsdefizit. Und alle sehen sich bestätigt: Richtig, so sieht das »Spaltungsirresein« aus, man hat es schon immer gewußt – verschroben und unheilbar.

Das ist eine schmerzliche Verkennung der *heutigen* Realität. Und nicht nur unnötig und grausam für die Betroffenen, sondern zudem – um es in einem viel diskutierten Aspekt unserer Zeit auszudrücken –, unwirtschaftlich, weil es die Patienten ausgrenzt, statt in Gemeinschaft und Erwerbsleben zu integrieren. Man glaubt nicht, was sich gerade auf dem Gebiet der schizophrenen Erkrankung nach wie vor im verborgenen abspielt. Man kann sich kaum vorstellen, daß es noch immer schizophren Erkrankte gibt, die in ihren Familien fast versteckt werden. Und das ist keine Bosheit, das sind Angst und Scham. Und das schlimmste: unnötige Angst und Scham.

Denn rechtzeitig erkannt und gezielt und konsequent behandelt heißt, daß neben jenen schizophren Erkrankten, die ggf. auf Spontanheilung bauen können (was man aber vorher nie abschätzen kann), fast die Hälfte auf eine sogenannte »soziale Heilung« hoffen darf. Das ist zwar keine vollständige Genesung, wohl aber die Fähigkeit, den Alltag wieder selbständig zu meistern, also Ausbildung abzuschließen, Beruf ausüben, eine Partnerschaft eingehen und aufrechterhalten usw. Nur relativ wenige Patienten können trotz aller Behandlungsfortschritte nicht zufrieden sein. Doch auch das wird immer seltener, wenn man die verschiedenen medikamentösen, psycho- und sozialtherapeutischen Möglichkeiten sowie alle anderen verfügbaren Maßnahmen kombiniert und damit potenziert. Zuvor aber gilt es diese Krankheit rechtzeitig zu erkennen und die Betroffenen und ihre Angehörigen davon zu überzeugen, daß sie das heutige Therapieangebot nutzen sollen. Resignation und Rückzug von Patient und Angehörigen führen zur Verschlechterung der zwischenmenschlichen und beruflichen Situation. Geduld und konsequente Zusammenarbeit mit dem Arzt reduzieren dagegen das schizophrene Leid zu einer tragbaren Belastung, die gemeinsam zu meistern ist.

Hierzu versucht das vorliegende Büchlein seinen Beitrag zu leisten, und zwar vor allem im Vorfeld einer schizophrenen Erkrankung oder bei drohender Rückfallgefahr. Und es versucht von dem mitunter unfaßbaren psychotischen Verhalten auf das umzulenken, das sich als krankhafter Ablauf dahinter verbirgt. Denn stets muß man sich vor Augen halten: Es sind nicht Partner, Mutter, Vater, Sohn, Tochter, Freund und Arbeitskollege, die sich wie verworren oder »verrückt« gebärden, es ist die schizophrene Psychose, die sich der Wesensart, Persönlichkeit, ja des Äußeren ihres Opfers bemächtigt, ihn gleichsam versklavt und in eine Rolle zwingt, die dem Betroffenen selber fremd und unheimlich ist –, ohne daß er etwas dagegen tun kann. Das ist eine wichtige, weil tröstliche und damit stützende Erkenntnis, die man sich immer wieder in Erinnerung rufen muß.

Das System von Frage und Antwort wird nicht umsonst immer häufiger genutzt, vor allem bei inhaltlich schwierigen Texten. Es ist einprägsam, ermüdet nicht so rasch und ist lebensnah. Und so sind auch die vorliegenden Fragen das Ergebnis zahlreicher Einzel- und Gruppengespräche, Diskussionen in Kursen und Seminaren nach Referaten und Vorlesungen, zusammen mit Schülern, Studenten, Lehrern, Sozialarbeitern, Schwestern, Pflegern, Psychologen, Ärzten und vor allem Patienten und ihren Angehörigen. Ihnen allen sei für ihre Fragen, aber auch Anmerkungen und Erfahrungen gedankt, die sich in diesem Büchlein niedergeschlagen haben. Möge es seinen Zweck erfüllen.

Ravensburg-Weissenau im Frühjahr 1996
Prof. Dr. med. Volker Faust

Die Schizophrenie im Meinungsbild unserer Zeit

Schizophrenie, das heißt doch »Spaltungsirresein«. Das sind Geisteskranke, die hören, sehen, schmecken, riechen und fühlen Dinge, die ihnen nur ihr krankes Gehirn aufzwingt, die es in Wirklichkeit aber nicht gibt. Was ist da dran?

Dies ist eine weit verbreitete Laienvorstellung, die nebenbei nicht falsch ist, nur einseitig. Das ist das Problem, und zwar nicht nur in gesellschaftlicher, sondern auch in diagnostischer Hinsicht. Wer nur auf so spektakuläre Krankheitszeichen wie Sinnestäuschungen, Wahnwahrnehmungen und groteske Äußerlichkeiten fixiert ist, muß zwangsläufig jene Symptome[1] übersehen, die weniger Aufsehen erregen. Und das ist die Mehrzahl.

[1] *Symptom*: Krankheitszeichen

Sie meinen, die Schizophrenie äußert sich gar nicht so spektakulär, wie man sich das im allgemeinen vorstellt?

Richtig. Die Schizophrenie gehört zwar zu den am längsten bekannten und am intensivsten untersuchten seelischen Störungen, doch die meisten Menschen können mit ihr am wenigsten anfangen. Man hat zwar eine vage Vorstellung von bestimmten Symptomen, die irritieren, vielleicht sogar Angst und Schrecken verbreiten, was natürlich durch Literatur und Film verstärkt wird – aber genaues weiß man nicht. Doch in den letzten Jahrzehnten hat sich ein Wandel im Krankheitsbild der Schizophrenie abgezeichnet. Dabei sind die Aufsehen erregenden Krankheitszeichen seltener, dezente Beeinträchtigungen häufiger geworden. Und auf die gilt es vermehrt zu achten. Denn je früher die Schizophrenie erkannt wird, desto eher kann man sie behandeln und damit abmildern, abkürzen und vor allem den Betroffenen vor Rückfällen bewahren. Und man kann damit seine Stellung in Partnerschaft, Familie, Nachbarschaft, Beruf usw. bewahren.

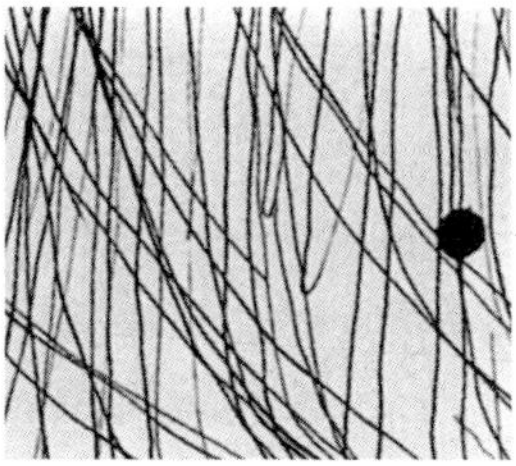

Da hat sich aber noch nicht viel geändert, vor allem in gesellschaftlicher Hinsicht. Da gibt es noch erheblichen Nachholbedarf.

Leider. Denn trotz Aufklärung und einem durchaus positiven Einstellungswandel in der Öffentlichkeit, verstärkt durch die Aufklärungsarbeit des verantwortungsbewußten Teils der Medien, haftet auch heute noch der Schizophrenie etwas Fremdartiges, Sonderbares, ja Unheimliches und manchmal sogar Bedrohliches an. Man will diese Kranken nicht diskriminieren, ihnen ja durchaus helfen. Doch die Schizophrenien gehören nach wie vor zu jenen seelischen Störungen, mit denen man wenig zu tun haben möchte. Und das, obgleich die meisten Menschen noch nie einem solchen Patienten bewußt begegnet sind. Was man kennt, sind in der Regel nur Aufsehen erregende Extremsituationen.

Das Problem beginnt doch bereits mit dem Begriff »Schizophrenie«, der inzwischen auch noch als negative Bezeichnung generell mißbraucht wird.

In einer Zeit, die sich so aufgeklärt, liberal und tolerant gibt, ist dies tatsächlich eine neue Entwicklung, die den Betroffenen und ihren Angehörigen noch mehr zu schaden droht, als die relativ groben Verunglimpfungen von früher. Und das aus purer Gedankenlosigkeit oder aus Imponiergehabe, um mit einem neuen Schlagwort aufwarten zu können. Dabei haben es Patienten mit einer schizophrenen Psychose seit jeher nicht leicht: Schon aus älteren Untersuchungen geht hervor, daß der Fachbegriff »schizophren« zusammen mit »geistesgestört«, »geisteskrank« und »irr« zu den härtesten verbalen Sanktionen gehört, mit dem man unerklärliches Verhalten charakterisieren oder gar diskriminieren will. Heute macht sich nun eine noch viel verhängnisvollere Sprachentwicklung breit, sogar dort, wo die Meinungsbildung zu Hause ist: in manchen Massenmedien. Man mißbraucht den Krankheitsbegriff »Schizophrenie« immer häufiger als Ausdruck der Diffamierung. Will man das Denken oder Handeln eines Menschen als besonders unverständlich, bizarr, widersinnig oder gar als heimlich bzw. auf Dauer gefährlich brandmarken, nennt man es »schizophren«. Schizophren steht immer öfter nicht nur für fremdartig und unheimlich, sondern auch für reine Unvernunft, Unberechenbarkeit, Verantwortungslosigkeit. Das ist ein verhängnisvoller Teufelskreis und für die Betroffenen eine schmerzliche Abwertung. Denn sie untergräbt ihr Selbstbewußtsein, verzerrt ihre Selbstwahrnehmung noch mehr und prägt den Umgang mit ihnen in verheerender Weise. Offenbar brauchen alle Gesellschaften eine Krankheit, mit der sie – wenn auch unbewußt – alles Negative schlechthin identifizieren können.

Was heißt Schizophrenie?

Woher kommt eigentlich der Begriff Schizophrenie?

Der *Begriff* Schizophrenie kommt aus dem Griechischen: *schizein*, d.h. spalten und *phren*, d.h. Zwerchfell, wo man in der Antike Geist und Seele beheimatet sah. Die »gespaltene Seele« galt schon früher als die Geisteskrankheit schlechthin, ein Leiden, so alt wie die Menschheitsgeschichte. Eine der frühesten Beschreibungen geht auf das Jahr 1400 vor Christi Geburt zurück. Der Begriff »Schizophrenie« selber ist aber erst rund hundert Jahre alt. Zuvor bezeichnete man dieses Leiden beispielsweise als Dementia praecox. Das heißt soviel wie früh erworbener geistiger Abbau, was aber – wie wir inzwischen wissen – nicht stimmt.

Bei solchen harten, aber unzweideutigen Begriffen, die von der Psychiatrie selber kommen, darf man sich aber nicht wundern, wenn die Allgemeinheit ihre Schlußfolgerungen zieht – auch wenn sie falsch sein mögen.

Da ist etwas dran. Diese fatale Entwicklung, die vor allem schizophren Erkrankte trifft, geht nicht zuletzt auf einen mangelhaften Kenntnisstand zurück, selbst in unserer aufgeklärten Zeit. Oder konkreter: Vieles, was man befürchtet, mochte früher in Einzelfällen seine Berechtigung gehabt haben, unter den heutigen Behandlungsmöglichkeiten nicht mehr. Das sind vor allem zwei irrtümliche Ansichten, nämlich 1. vom äußeren Erscheinungsbild eines schizophrenen Menschen und 2. von der Unheilbarkeit dieser seelischen Störung. Beides bedarf einer Korrektur, soll aber auch nicht einfach in Abrede gestellt werden. Von nichts kommt nichts. Das gilt selbst für unhaltbare Meinungsbilder, die stets auch ihre Ursachen haben – und sei es mangelnde Aufklärung. Bei den Schizophrenien gehen diese Ansichten auf Erscheinungsformen und bittere Erfahrungen der betroffenen Umgebung zurück, die früher in der Tat öfter vorkamen, als man noch nicht die heutigen Therapiemöglichkeiten, insbesondere die gezielt antipsychotisch[2] wirkenden Arzneimittel, die Neuroleptika, zur Verfügung hatte. Aber vielleicht sollten wir uns erst einmal mit Definition, Ursachen und Hintergründen der Schizophrenie befassen?

[2] *antipsychotisch:* gegen eine Psychose, also Geisteskrankheit wirkend.

Erkennt man eine Schizophrenie schon rein äußerlich?

Wenn man der Allgemeinheit vorwirft, sie habe ein falsches Bild von der Schizophrenie, dann muß man sich erst einmal mit diesem Bild beschäftigen. Deshalb fragen wir unverblümt: Sieht ein Schizophrener so aus, wie man ihn sich als Laien vorstellt – oder nicht?

Zum einen muß man das natürlich differenzierter sehen, zum anderen aber kann man behaupten: heute nicht mehr so wie früher. Natürlich kann diese leicht kontrollierbare Erkenntnis schnell zunichte gemacht werden. Wenn man ein psychiatrisches Krankenhaus besucht und findet dort noch den einen oder anderen auffälligen Patienten, scheint der Beweis erbracht: So sah und sieht ein Schizophrener noch immer aus. Dabei gibt es Hunderttausende von schizophren Erkrankten, denen niemand etwas ansieht; und von denen keiner, außer Angehörigen und Arzt weiß, daß er ein solches Leiden hat. Aber ein einziger auffälliger chronisch Kranker prägt die öffentliche Meinung mehr als Hunderttausende mit gleichem Leiden, die niemand erkennt und deshalb auch nicht als positiven Ausgleich heranziehen kann. Ähnliches gilt nebenbei auch für die Gefährlichkeit[3] von schizophrenen Menschen, ein Vorurteil, das vor allem durch spektakuläre Einzelfälle verzerrt wird, die dann in den Boulevardblättern und bestimmten TV-Sendern besonders ausgeschlachtet werden. Kurz: Der schizophren Erkrankte leidet dank der heutigen Behandlungsmöglichkeiten nicht mehr so sehr an seinem Krankheitsbild, sondern an dem, was man in seiner Umgebung dafür hält.

[3] siehe Seite 112

Gibt es heute keine Schizophrenen mehr, denen man dies äußerlich ansieht: am Erscheinungsbild, am Gesichtsausdruck, in der Bewegung, durch die Sprache, auf geistigem Gebiet usw.?

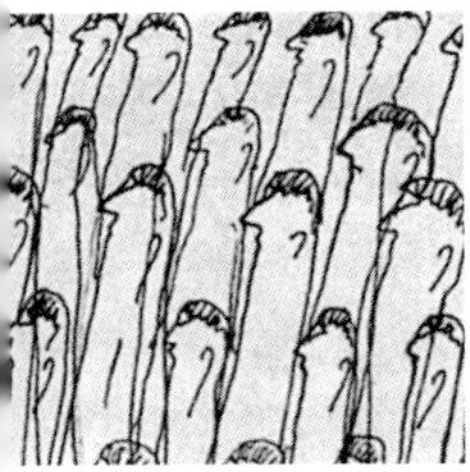

Tatsächlich konnte früher das *äußere Erscheinungsbild* eines schizophrenen Menschen mit sonderbarer, eigenwilliger, auffälliger Kleidung, mangelhafter Körperpflege, wallendem Haupthaar, langem Bart usw. auf so manches Wahnsystem hinweisen. Heute ist derlei kaum mehr zu sehen, nicht einmal bei Langzeitpatienten in psychiatrischen Kliniken. Denn schon im ersten Drittel dieses Jahrhunderts fiel der erwähnte Erscheinungswandel der Schizophrenien auf. Er ließ diese eindrucksvollen und leider auch negativ prägenden Äußerlichkeiten immer seltener werden. Inzwischen sind sie nahezu verschwunden. Das gilt auch für manche charakteristischen Merkmale in Mimik, Gestik, sprachlichem Ausdruck und allgemeinem Auftreten, vor allem im akuten psychotischen Zustand. Der Unterschied zu heute ist inzwischen so groß geworden, daß selbst jungen Ärzten in der psychiatrischen Fachausbildung kaum mehr Gelegenheit gegeben ist, die gleichen Erfahrungen zu sammeln wie frühere Ärztegenerationen. Das heißt aber nicht, daß es nicht Ausnahmen gibt, insbesondere im Langzeitbereich eines Fachkrankenhauses, und die prägen dann den Gesamteindruck.

Wenn man sich einen Schizophrenen vorstellt, dann ist es vor allem der Gesichtsausdruck, der dieses Krankheitsbild widerspiegelt. Gehört auch das der Vergangenheit an oder auf was ist da zu achten?

Natürlich kann auch heute noch der *Gesichtsausdruck* dieser Kranken gespannt, geladen, argwöhnisch, mißtrauisch, verängstigt, versonnen, unbegründet beglückt, unfreundlich-ablehnend oder leer, unbewegt, steif, starr, hoheitsvoll oder gar bedrohlich wirken. Selbstverständlich können Grimassen jede Norm des Mienenspiels überschreiten oder der jeweilige Gefühlszustand durch einen entgegengesetzten Gesichtsausdruck verfremdet werden. Doch findet sich dies nur noch selten, am ehesten in einer akuten Krankheitsphase, in der die neuroleptische Therapie noch nicht greifen konnte. Die Mehrzahl der schizophren Erkrankten ist heute weitgehend unauffällig – jedenfalls gemessen an früher. Für den Arzt oder auch Laien mit guter Beobachtungsgabe bleiben dennoch einige wichtige diagnostische Hinweise übrig.

Was fällt auf?

Das ist vor allem der *Blick*. Ein eindrückliches Merkmal psychotischer Verstörtheit, Ratlosigkeit, Angst und vielleicht auch furchtbedingter Aggressivität können tatsächlich die *Augen* mancher Schizophrener werden, vor allem im Zustand akuter Erkrankung. Schon vorher scheinen diese Patienten manchmal irgendwie durch einen hindurchzuschauen. Dann aber vermag der Blick auch unstet, »flackernd«, »brennend«, »stechend«, auf jeden Fall für die Umwelt irritierend, beängstigend oder gar bedrohlich wirken. Das sind dann allerdings Extreme. Aber auch in viel weniger ausgeprägter Form sind die Augen im allgemeinen bzw. der Blick im besonderen oftmals eines der ersten Zeichen, das auf das beginnende innere Chaos hinweist. Der Umgebung ist es vielleicht Anlaß zu Sorge oder Angst, vor allem aber sollte es ein Hinweis darauf sein, daß der Patient in Not ist, auch wenn sich ansonsten noch kein auffälliges Verhalten gezeigt hat. Niemand weiß übrigens, wie dieses Phänomen zustandekommt. Doch auch der »schizophrene Blick« ist nicht die Norm und meist auf die erwähnten akuten Krankheitsepisoden begrenzt.

Und die Bewegung, die Sprache, überhaupt der allgemeine Eindruck? Gibt es auch hier wenigstens dezente Hinweise, die man als frühes Warnsymptom nutzen könnte?

Es gibt schon nutzbare *Warnsymptome*, auf die wir noch zu sprechen kommen. Sie sind nur nicht so spektakulär, wie man sie sich vorstellt. Sie sind eher in den Alltag eingebunden, weshalb sie auch stärker irritieren, da sie dann nicht mehr diesen schablonenhaften Warncharakter haben, wie man es gerne hätte – notgedrungen, denn man ist ja auch kein Fachmann.

Was die *Bewegung* anbelangt, vor allem *Gestik* und *Gang*, so können sie schon als bisweilen gebunden, steif, starr, hölzern, eckig, ruckartig, abgehackt, verzerrt, abrupt, fahrig, ausfahrend, zumindest schlaksig und ungraziös empfunden werden. Doch auch derlei findet man heute nur noch selten. Am ehesten vielleicht noch bei manchen chronischen Patienten, bei denen dann aber auch Krankheit und langjährige Medikamenten-Nebenwirkungen zusammenfallen. Manchmal ist es tatsächlich schwer, beides auseinanderzuhalten. Dieses mehr oder weniger charakteristische Bewegungsmuster gab es allerdings auch schon, als noch keine Neuroleptika zur Verfügung standen und durch ihre Nebenwirkungen beeinträchtigten, wenn die Dosis nicht individuell angepaßt wird.

Und die Sprache? Immerhin ist die Sprache doch der unmittelbare Ausdruck des seelischen und geistigen Zustandes. Gab oder gibt es in der Sprache und damit auch im Schreibstil etwas Besonderes, auf was man achten muß?

Auch die *Sprache* mancher Schizophrener kann sich vom Durchschnitt abheben, selbst heute noch. Sie hört sich dann etwas verschroben, verstiegen, geziert an, mit ungewohnter, gesuchter, abstrakter, unnatürlicher und geschraubter Redeweise und hochtrabenden Formulierungen. Doch auch diese »Stelzensprache«, wie sie früher genannt wurde, einschließlich eines damit verbundenen schwülstigen *Schreibstils* mit Wortneubildungen, eingeflickten Füllwörtern, sprachlichen Wiederholungen oder gar die Entwicklung einer persönlichen Geheimsprache werden nur noch selten beobachtet. Und wenn, dann in dezenter, für Außenstehende kaum wahrnehmbarer Form. Im übrigen fand man früher zusammen mit einer auffallenden Sprache mitunter auch eine ungewöhnliche *Schrift*. Doch auch das ist selten geworden.

Und der allgemeine Eindruck? Vor allem aber die geistigen Fähigkeiten? Immerhin kam der frühere Fachausdruck für Schizophrenie, die Dementia praecox, also der »frühzeitige Schwachsinn«, doch nicht von ungefähr. Hat sich da etwas zu Gunsten der Betroffenen geändert?

Sicher. Selbst der *allgemeine Eindruck* unterscheidet sich heute erheblich von früher. Damals wurden diese Kranken in der Tat öfter als distanzlos, enthemmt, albern, »frech«, schnippisch, faxenhaft, geziert, pathetisch, altklug, ungeniert, theatralisch, bizarr, skurril, verschroben oder gar läppisch-albern empfunden. Gerade bei diesen Ausdrucksanomalien aber wird der positive Wandel des krankhaften Äußeren am deutlichsten. Man findet sie kaum mehr. Am ehesten noch bei einer bestimmten Unterform der Schizophrenie, nämlich der *Hebephrenie*.[4] Sie kommt allerdings nur noch selten in reiner Form vor und hält sich im übrigen auch zahlenmäßig in Grenzen.

[4] Stehen diese Gemüts-, Antriebs- und Denkstörungen im Vordergrund, spricht man von einer *hebephrenen Schizophrenie* oder *Hebephrenie*.

Was aber die geistige Leistungsfähigkeit anbelangt, so muß mit Nachdruck darauf hingewiesen werden: Schizophrenie bedeutet *keine geistige Minderwertigkeit*, auch wenn der frühere Fachbegriff vor über hundert Jahren diesen Irrtum zu bekräftigen scheint. Natürlich haben auch heute noch schizophren Erkrankte gelegentlich und vor allem während ihrer psychotischen[5] Leidenszeit mit geistigen Leistungseinbußen zu kämpfen. Heute weiß man jedoch, daß dieser Leistungsabfall nicht auf einen Abbau der Intelligenz zurückzuführen ist. Hier handelt es sich eher um eine Blockierung der geistigen Beweglichkeit und nicht um einen »Schwund von Gehirnzellen«, wie manchmal in Analogie zur Demenz, also zum erworbenen Abbau intellektueller Funktionen durch andere Krankheiten, vermutet wird. Selbst im hohen Alter kommen bei Schizophrenen nicht häufiger intellektuelle Einbußen vor als im Durchschnitt. Andererseits nimmt die Schizophrenie gleichsam den ganzen Menschen in Beschlag, und zwar derart, daß schon mal der Verdacht geistiger Schwäche aufkommen kann. Dies vor allem während der erwähnten akuten Psychose oder bei chronischer, therapeutisch schwer zu beeinflussender Langzeiterkrankung. Doch auch das hat nichts mit geistigem Abbau im herkömmlichen Sinne zu tun.

[5] *Psychose*: siehe Seite 18

Heißt das zusammenfassend: Die Schizophrenie hat sich grundlegend gewandelt? Man kann heute nicht mehr von jenem Bild ausgehen, das man sich in der Allgemeinheit von dieser Krankheit macht?

Wenn man eine Befragung durchführen würde, was man sich unter einer Schizophrenie in der Allgemeinheit vorstellt, so würde man vermutlich nicht nur Falsches hören. Wir haben schon davon gesprochen. Das Problem ist das Verhältnis zwischen den Extremzuständen, die das Meinungsbild beherrschen und der Realität, die in Wirklichkeit von viel dezenteren Beschwerdebildern geprägt wird. Oder kurz: Die Schizophrenie sieht in der überwiegenden Mehrzahl der Betroffenen anders aus, als man sie sich meist vorstellt. Zum zweiten hat sich in den letzten Jahrzehnten das Krankheitsbild deutlich gewandelt. Die spektakulären Symptome sind seltener geworden, die weniger auffälligen, aber keinesfalls weniger zermürbenden Beeinträchtigungen haben zugenommen.

Trotz allem soll aber nicht behauptet werden, daß es nicht nach wie vor auffällige Krankheitsbilder gäbe. Vor allem kann man leider nicht behaupten, daß die psychotischen Krankheitsfolgen keine zwischenmenschlichen, vor allem partnerschaftlichen, familiären, nachbarschaftlichen, gesellschaftlichen sowie beruflichen Probleme mehr aufwerfen würden. Zwar ist durch die modernen Therapieverfahren vieles erträglicher geworden, gemessen an dem Elend, das noch bis Mitte dieses Jahrhunderts zu ertragen war. Aber auch heute noch gibt so manches Einzelschicksal zu denken. Auch können nicht wenige Familienmitglieder durchaus von einer Reihe »verrückter Krankheitszeichen« berichten, von denen wir eben behauptet haben, sie ließen sich in der Öffentlichkeit nur noch selten registrieren. Es ist keine Frage: Die Schizophrenie ist und bleibt eine schwere Bürde für Patient und Angehörige. Doch muß man trotz aller Bitterkeit auch die Fortschritte der heutigen Behandlungsmöglichkeiten anerkennen, die das Los der Betroffenen erheblich erleichtert haben – wenn auch erst seit einigen Jahrzehnten.

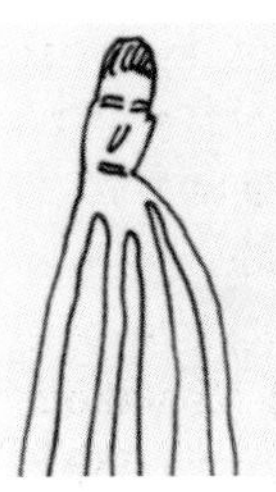

Was ist eine Schizophrenie?

Die *Schizophrenie* oder besser: die *Schizophrenien* – man nimmt die Mehrzahl, weil es mehrere Untergruppen dieses Krankheitsbildes gibt und weil man sich noch nicht einmal sicher ist, daß es sich um ein einheitliches Leiden handelt –, die Schizophrenien findet man in allen Regionen und Ländern dieser Erde in weitgehend gleicher Häufigkeit, wenn auch möglicherweise in unterschiedlicher Ausgestaltung – je nach Kulturkreis.

Seit über hundert Jahren werden sie charakterisiert als eine »Spaltung des Bewußtseins« bzw. der gesamten Persönlichkeit, bei der sich die seelischen Funktionen langsam verselbständigen. Deshalb handelt es sich aber nicht – wie oft irrtümlich angenommen – um zwei menschliche Wesen in einer Gestalt. Zwar kann die Schizophrenie zeitweise zu einer Zerrissenheit im Denken, Fühlen, Wollen, Handeln usw. führen, doch bewahren die Betroffenen ihre persönliche Eigenart und Individualität.

Man spricht doch auch von einer schizophrenen Psychose, was ist der Unterschied?

Eine *Psychose* ist eine seelische Störung, konkreter ausgedrückt: eine Geisteskrankheit, bei der die Beeinträchtigung der psychischen Funktionen ein solches Ausmaß erreicht hat, daß dadurch Realitätsbezug, Einsicht und Fähigkeit zu sehr gestört sind, um einigen der üblichen Lebensanforderungen noch zu entsprechen. So lautet jedenfalls die noch immer am häufigsten gebrauchte Definition, wie sie die WHO, die Weltgesundheitsorganisation vorschlägt. Allerdings stehen immer neue Definitionen zur Diskussion. Nach wie vor ist jedoch die Psychose eine allgemeine psychiatrische Bezeichnung für verschiedene Formen bzw. besser: verschiedene Ursachen dieser seelischen Krankheit. Da gibt es die sogenannten *exogenen*, also von außen ausgelösten Psychosen durch erkennbare Organ- oder Gehirnkrankheiten bzw. Schädel-Hirn-Unfälle. Und es gibt die sogenannten *endogenen*, von innen, aus dem Organismus herauskommenden Psychosen, jedoch ohne bisher erkennbare bzw. nachweisbare körperliche Ursache, wenngleich auf überwiegend erblichen und konstitutionellen Faktoren beruhend. Psychose ist also der Überbegriff, die Schizophrenie die konkrete Bezeichnung des Leidens.

Um es zur besseren Charakterisierung vorwegzunehmen: Welches sind die wichtigsten Krankheitszeichen einer schizophrenen Psychose?

Als *charakteristische Symptome* der Schizophrenien gelten beispielsweise:

- Gedanken, die eingegeben oder entzogen werden, die sich laut äußern oder die sich gar auf andere Personen auszubreiten scheinen.
- Das Gefühl, auf widernatürliche Weise beeinflußt und kontrolliert zu werden. So werden beispielsweise Gedanken, Bewegungen, Empfindungen usw. als »von anderen gemacht« erlebt.
- Wahn, vor allem wahnhafte Beeinflussung und Verfolgung, aber auch Größenwahn, Liebeswahn usw.; evtl. komplizierte Wahnsysteme.
- Halluzinationen, also Sinnestäuschungen bezüglich Geruch, Geschmack und Tastsinn, vor allem aber Gehör.
  Beispiele: vergiftet, bestrahlt, elektrisiert werden und insbesondere Stimmen hören.
- Einschiebungen in den Gedankenfluß, die zu Wortneubildungen und zu einer unverständlichen Sprache führen, bis hin zur »Zerfahrenheit«.
- Erregung oder Erstarrung in Bewegungslosigkeit einschließlich Verstummen.

Diese Symptome gehören nach der neuesten Übereinkunft zu den wichtigsten. Sie treten jedoch nicht gleichzeitig und bei jedem Kranken auf. Besonders in akuten, ja dramatischen Episoden zeigen sich vielfältige Kombinationen. Daneben gibt es aber auch langanhaltende Zustände von vorwiegend depressiver Antriebsarmut mit Rückzug in sich selber. Dabei treten Wahn und Sinnestäuschungen zurück und es dominieren Schwunglosigkeit, Kontaktarmut, Passivität, Rückzugsneigung und Isolationsgefahr.

Der Hintergrund dieser vielfältigen Störungen ist aber komplizierter: Schizophren Erkrankte fühlen sich nämlich in ihrer Person verändert. Sie sind sich ihrer Identität nicht mehr sicher. Sie haben eine Störung des Selbsterlebens als Ich, wie man dies in der Fachsprache nennt. Das heißt, sie erleben die Grenzen zwischen sich selber und anderen als nicht mehr eindeutig, sondern durchlässig. Im seelischen und körperlichen Bereich fühlen sie sich sogar in Auflösung oder Zerbrechen begriffen. Dadurch verlieren sie die Sicherheit der Selbstkontrolle und empfinden sich im Denken, Fühlen und Handeln als beeinflußt und fremdbestimmt. Das geht bis zum Empfinden, abzusterben oder bereits tot zu sein. Wir werden auf diese komplizierten Veränderungen noch ausführlicher zu sprechen kommen, weil sie die Grundlage jener Symptome sind, die man von außen und ohne Kenntnis der Hintergründe mit Befremden, Unbehagen oder gar Entsetzen registriert.

Was weiß man über Häufigkeit und Verteilung schizophrener Psychosen?

Die Schizophrenien gehören zu den häufigsten Psychosen. Man schätzt sie auf rund *1% der Gesamtbevölkerung*, d.h. ungefähr eine Person auf 100 erfährt in ihrem Leben zumindest eine schizophrene Episode. Pro Jahr erkrankt in aller Welt ein Mensch auf 10 000 Mitbürger erstmals an einer Schizophrenie. Diese Zahl bleibt offenbar stabil. Schizophrenien nehmen also nicht zu.

Allerdings muß man nach wie vor mit einer nicht geringen Dunkelziffer unerkannter Erkrankungen rechnen. Diese fallen Zeit ihres Lebens nicht oder bestenfalls kurzfristig auf, weshalb sie nicht als Schizophrenie diagnostiziert und behandelt und damit statistisch erfaßbar werden. In ärztlicher Behandlung soll jedenfalls nur knapp ein Drittel aller Betroffenen stehen. Dabei könnte man aber den meisten Patienten mit nur leichter oder scheinbar nicht auffälliger Erkrankung durch eine gezielte Behandlung die irritierenden bis lästigen Beeinträchtigungen mildern – und damit ihre Lebensqualität verbessern.

Gibt es geschlechts- und altersspezifische Unterschiede?

Frauen und *Männer* sind annähernd gleich betroffen. Der Ausbruch des Leidens ist theoretisch in fast jedem *Lebensalter* möglich. Allerdings zeichnen sich bestimmte Schwerpunkte ab, und zwar je nach Geschlecht: Schon vor 100 Jahren fiel auf, daß Frauen mehrere Jahre später erkranken als Männer. Beim *männlichen Geschlecht* zeigt sich ein steiler Anstieg des Krankheitsausbruchs zwischen 15 und 24 Jahren. Danach kommt es zu einem gleichbleibenden Abfall. Rückblickend kann man jedoch bei nicht wenigen Patienten schon erste Symptome um das 10. Lebensjahr herum registrieren. Das heißt, daß junge Männer in einer sozial besonders empfindlichen Phase ihres Lebens getroffen und ggf. zurückgeworfen werden. Bei *Frauen* findet sich ein erster flacher Anstieg zwischen 20 und 29 und ein zweiter noch niedrigerer zwischen 45 und 50 Jahren. Hier hat das weibliche Geschlecht dann aber auch ein dreifach höheres Erkrankungsrisiko. So erkranken beide Geschlechter unterschiedlich früh, doch holen Frauen jenseits des 30. Lebensjahres und vor allem während der Wechseljahre voll auf.

Früh erkrankt wirkt sich aber ganz erheblich auf den weiteren Lebensweg aus.

Das ist richtig. Viele der in jungen Jahren Erkrankten, also vorwiegend Männer, bleiben ledig. Überhaupt ist es – im Gegensatz zu manchen anderen seelischen Leiden – ein großes Problem, daß die meisten männlichen Schizophrenen bereits während Ausbildung und erster Lebensorientierung getroffen und damit ggf. aus der Bahn gedrängt werden. Wer erst später erkrankt, wie das beim weiblichen Geschlecht öfter vorkommt, hat sich in der Regel sozial so weit gefestigt, daß er die Folgen im zwischenmenschlichen, familiären und beruflichen Bereich besser überstehen kann.

Wie entsteht eine Schizophrenie?

Man weiß es nicht genau. Das ist die zwar frustrierende, aber realistische Antwort.

Das ist doch kaum zu glauben. Schließlich gehört die Schizophrenie zu den am längsten und intensivsten beforschten seelischen Störungen.

Das ist richtig. Wir können auch ins Detail gehen. Nur für das Verständnis im Alltag wird jedenfalls am Schluß deutlich: Genaues weiß man noch immer nicht. Das ist ernüchternd, aber eben die Realität.

Das sah man aber vor noch nicht langer Zeit ganz anders.

Auch das ist richtig. *Die Ursachen schizophrener Erkrankungen* sind eben vielschichtig. Bis vor wenigen Jahren waren noch zahlreiche Wissenschaftler von der Vorstellung überzeugt, die Schizophrenien auf einen einzelnen Faktor zurückführen zu können: eine konkrete Erbinformation, einen bestimmten biochemischen Überträgerstoff, einen typischen Rezeptor, also ein Empfangsorgan in den Zellwänden für entsprechende biochemische Stoffe, ferner auf Funktionsstörungen oder zumindest Veränderungen im Stirn- und Schläfenlappen des Gehirns usw. Und in sozialer Hinsicht waren es die sogenannte »*schizophrenogene*«, also eine Schizophrenie auslösende Mutter, Familie oder die ganze gesellschaftliche Struktur, die zu dieser Krankheit führen sollten. Oder belastende Lebensereignisse, die tatsächlich häufiger vorkommen, allerdings in der Regel von jener Art, wie sie den meisten Menschen im Laufe ihres Lebens begegnen. Inzwischen ist man bescheidener geworden. Auf jeden Fall scheinen sowohl biologische Ursachen als auch lebensgeschichtliche Belastungen beteiligt, die – je nach Ausgangslage und Schwerpunkt – unterschiedlich ineinandergreifen.

Beginnen wir mit einem häufigen Thema: der erblichen Belastung. Was ist da dran?

Eine *erbliche Belastung* ist inzwischen gesichert, wenngleich nicht in jedem Fall nachweisbar. Dies zeigten schon früh entsprechende Familien-, Zwillings- und Adoptivstudien. Man nimmt an, daß bei den Schizophrenien mehrere Erbkomponenten bzw. ihre fehlerhafte Anlage beteiligt sind. Mit der Nähe der verwandtschaftlichen Beziehung zu einem schizophren Erkrankten und folglich mit der Wahrscheinlichkeit eines gemeinsamen Erbgutes steigt das relative Risiko. Leider weiß man bisher nur unzureichend, was vererbt wird und noch gar nicht, wie dies geschieht.

Allerdings heißt »genetische Belastung« nicht gleich Ausbruch der vollen Krankheit. Die mögliche Gen-Konstellation, wie man das nennt, also die Kombination bestimmter Erbfaktoren – die Erbanlage liegt mit großer Wahrscheinlichkeit in mehreren Genen –, äußert sich nicht nur in der Alternative: schizophren oder nicht. Sie ist auch gleichsam in verdünnter Form möglich, z.B. schizophrenieähnlich, psychosenah oder in sogenannten schizoiden Persönlichkeitszügen, also kühl, ungesellig, in sich zurückgezogen, ohne Wärme, überempfindlich, wenig herzlich, unberechenbar usw. Dies kann sich sogar in manchen neurotischen Entwicklungen oder Persönlichkeitsstörungen äußern, die ansonsten mit einer Psychose, einer Geisteskrankheit, nichts zu tun haben. Was nun dazu beiträgt, daß eine Schizophrenie voll ausbricht, bleibt letztlich eine ungelöste Frage bzw. die Folge einer entsprechenden Kombination von biologischen und äußeren Belastungen.

In der Regel wird aber die schizophrene Psychose mehr oder weniger gezielt an die Folgegeneration vererbt. Nicht selten überspringt es auch eine Generation bzw. wird erst dort deutlich. Zur Klärung gehört also stets die Frage: Gab oder gibt es in der Verwandtschaft von Vater oder Mutter, d.h. bei Großeltern, Eltern, Onkeln, Tanten, Nichten, Neffen usw. eine oder mehrere Personen, die in vergleichbarer Weise zu leiden hatten?

Die Antwort lautet in der Regel: nein, nichts bekannt. Das ist verständlich, entspricht aber meist nicht der Realität. Zum einen scheut man sich, im privaten Bereich seiner Vorfahren »herumzuschnüffeln«, vor allem wenn es um seelische Störungen geht. Zum anderen waren die Kenntnisse über seelische Leiden früher noch geringer als heute, weshalb viele Erkrankte nicht als solche erkannt wurden. Zum dritten hat man gerade solche peinlichen Ereignisse besonders nachhaltig zu verheimlichen versucht. Viertens versteht man unter seelisch krank – zumindest was frühere Generationen anbelangt – vor allem schwer krank, d.h. »offiziell« behandlungsbedürftig, wenn nicht gar in einer der damaligen Heil- und Pflegeanstalten. Und zuletzt heißen Erkenntnis und Eingeständnis einer seelischen Erkrankung der eigenen Vorfahren, daß genau dies eingetreten ist, was man am meisten befürchtet – und am stärksten verdrängt: die psychische Störung eines engen Familienmitglieds oder gar von einem selber.

So gesehen ist es verständlich, wenn in den meisten Fällen »keine erbliche Belastung« zu finden ist – wenn man in der Befragung zu früh aufgibt bzw. nicht konsequent nachfaßt. Bei aller Zurückhaltung muß man aber immer wieder darauf hinweisen: Nur wenn die Diagnose feststeht, kann man auch gezielt behandeln. Und nur wenn man gezielt behandelt, kann man eine Genesung erwarten.

Und was ist in biochemischer Hinsicht bisher gesichert?

In *biochemischer Hinsicht* diskutiert man noch immer gewisse Ungleichgewichte in Transmittersystemen. Transmitter sind Überträgersubstanzen oder Botenstoffe, die an den Umschaltstellen für die Erregungsübertragung im Nervensystem die Erregung weiterleiten. Das betrifft z.B. Störungen im sogenannten Dopamin-System in bestimmten Gehirnregionen. Dafür sprechen inzwischen auch moderne neuroradiologische und elektrophysiologische Untersuchungsverfahren. Dazu gehört beispielsweise – um nur eine neuere Erkenntnis anzusprechen – die sogenannte Hypofrontalität, ein beeinträchtigter Stoffwechsel im Stirnhirnlappen. Tatsächlich können schizophrene Menschen bestimmte Aufgaben, die besonders diesen Teil des Gehirns fordern, nur man-

gelhaft lösen, was auf eine verminderte Leistungsfähigkeit der entsprechenden Gehirnzellen zurückgehen könnte.
Letztlich kommt jedoch keiner der bisher diskutierten biochemischen Ursachen eine vorrangige Bedeutung zu. Meist handelt es sich um mehrere belastende Risikofaktoren, die dann die Basis entsprechender Schwachpunkte bilden, die wiederum später im Alltag durch einen Teufelskreis zu immer stärker behindernden seelischen Störungen auswachsen. Deshalb spricht man auch von einer allgemeinen seelisch-körperlichen Desintegration, d.h. hier kommt eines zum anderen.

In organischer Hinsicht gibt es aber noch andere Erkenntnisse, denen man zumindest zeitweise vorrangige Bedeutung einräumte.

Das ist richtig. So fand man schon früher in rund einem Drittel aller Röntgenaufnahmen von schizophren Erkrankten eine *mäßige Erweiterung der 3. Hirnkammer und beider Seitenkammern*, was auf einen leichten Mangel an Nervensubstanz in zentralen Teilen des Großhirns hinweist. Die modernen Untersuchungsmöglichkeiten bestätigen dies, obgleich es einst zahlenmäßig überschätzt wurde. Doch der reale Einfluß scheint sich in Grenzen zu halten. Häufig wird auch von *Hirnschäden durch Schwangerschafts- und Geburtskomplikationen* berichtet. Doch auch hier läßt sich bisher nichts Konkretes folgern. Das gleiche gilt für ein bestimmtes Virus, das im Rahmen einer Grippe-Epidemie das Ungeborene schädigen und später verstärkt zur Schizophrenie disponieren soll. Und eine letzte, schon recht alte Erkenntnis sei in dieser Hinsicht noch angefügt: Tatsächlich werden Schizophrene *gehäuft in den Winter- und Frühjahrsmonaten geboren*. Das gilt zwar auch für die Gesamtbevölkerung, allerdings nicht so ausgeprägt. Der stichhaltigste Erklärungsversuch ist aber mehr sozialer Art: Schizophrenie wird häufig vererbt, aber nicht nur von eindeutig schizophren selber Erkrankten, sondern auch von Eltern mit einer Art verdünntem schizophrenen Leidensbild. Dies äußert sich nicht zuletzt in einem beeinträchtigten zwischenmenschlichen und damit auch Partner-Suchverhalten. In der kalten Jahreszeit mit seinen begrenzten Kontaktmöglichkeiten ist es darum noch schlechter bestellt. In der warmen Jahreszeit, d.h. von Mai bis

August, sind die Beziehungen erleichtert, was vor allem Menschen mit Kontaktstörungen zugute kommt. Daher also die verstärkte Geburtenrate in den Winter- und Frühjahrsmonaten. Übrigens weisen schizophrene Menschen auch eine geringere Fruchtbarkeit auf als seelisch Gesunde. Dennoch hat die Zahl der Betroffenen nicht abgenommen.

Keine Unterschiede zur gesunden Bevölkerung zeigen sich beim körperlichen *Wachstum* oder im Verlaufe der *Pubertät*. Zwar lassen sich in den ersten Lebensjahren gelegentlich Entwicklungsstörungen im Bewegungsmuster feststellen, doch das normalisiert sich mit zunehmender Gehirnreifung.

Eine letzte Frage auf dieser Ebene: Wie erklärt man sich die unterschiedliche Ersterkrankungshäufigkeit zwischen Männern und Frauen? Diskutiert man auch hier organische Ursachen?

Weshalb Frauen soviel später erkranken und ihr Erkrankungsrisiko um die Wechseljahre dann aber dreifach höher liegt als bei Männern, ist ebenfalls noch ungeklärt. Eine Vermutung geht dahin, daß die *Östrogene*, die weiblichen Sexualhormone, die Schwelle für eine schizophrene Erkrankung beim weiblichen Geschlecht erhöhen. Das erklärt den späteren Krankheitsausbruch und vor allem den 2. Häufigkeitsgipfel um die Wechseljahre. Dann nämlich verlieren jene Frauen mit einer Disposition zur Schizophrenie diesen relativen Schutz: Ihre Östrogen-Produktion fällt ab, die Schwelle der Verwundbarkeit sinkt und die Erkrankung wird gleichsam nachgeholt.

Es gibt doch auch eine Art Mittelding zwischen biologischer und psychologischer Theorie zur Schizophrenie: die sogenannte Filterstörung. Was versteht man darunter?

Eine Theorie besagt, daß schizophrene Menschen gegenüber äußeren Reizen empfindlicher reagieren als der Durchschnitt. Deshalb sollen sie beispielsweise weniger fähig sein, sich auf die wesentlichen Gesichtspunkte einer bestimmten Situation einzustellen, um damit ihre ganze Aufmerksamkeit auf diese zu konzentrieren. Das würde dazu führen, daß der schizophren Erkrankte von einer regelrechten Wahrnehmungsflut im Hören, Sehen, Fühlen usw. überrollt[6] wird. Das könnte ihn schließlich in die »geistig-seelische Spaltung« treiben, von der immer wieder die Rede ist. Und dies nur, weil er nicht die sonst übliche Fähigkeit hat, äußere Eindrücke gebrauchsbezogen zu filtern, d.h. nur das durchzulassen und zu verarbeiten, was er braucht, und den Rest zur Seite zu schieben – und damit natürlich Kraftreserven zu schonen und für wichtigeres verfügbar zu haben. So etwas nennt man deshalb auch eine *Filterstörung*.

[6] siehe Seite 49

Sie sprachen von den psychosozialen, also den partnerschaftlichen, familiären, beruflichen, gesellschaftlichen Einflüssen, die als Ursachen diskutiert werden.
Was versteht man darunter?

Daß familiäre, kulturelle und gesellschaftliche Einflüsse im weitesten Sinne eine zusätzliche, mitunter auch auslösende Rolle spielen, ist noch nie bestritten worden. Das Problem liegt lediglich in ihrem Stellenwert. Deshalb dazu einige kurze Anmerkungen, die allerdings die Vielfalt an Hypothesen nicht erfassen können.

Ein großes, wenngleich kontrovers diskutiertes Echo fand seit jeher die *Familienforschung*: Hier sind es vor allem bestimmte zwischenmenschliche Belastungen, Einbußen oder Mangelsituationen, die zu Auslösung, Verstärkung oder Rückfall einer schizophrenen Psychose beitragen sollen. Dies betrifft nicht zuletzt die *Mutter-Kind-Beziehung*, ohne daß es sich dabei um eine selber schizophren erkrankte Mutter handeln muß. So wurden beispielsweise folgende familienpsychologischen Auffälligkeiten diskutiert: überstarke Bindungsversuche durch die Mutter mit besitzergreifender oder gar feindseliger Einstellung dem Kind gegenüber; die Neigung, Gefühle und Bedürfnisse des Kindes mißzuverstehen; ein gemütsmäßig unreifer Erziehungsstil, der die dominierende Einstellung gegenüber dem Kind von der eigenen Mutter, also der Großmutter des schizophrenen Kranken übernommen hat; ferner natürlich gängige Belastungsfaktoren wie uneheliche Geburt, Trennung oder Scheidung der Eltern,

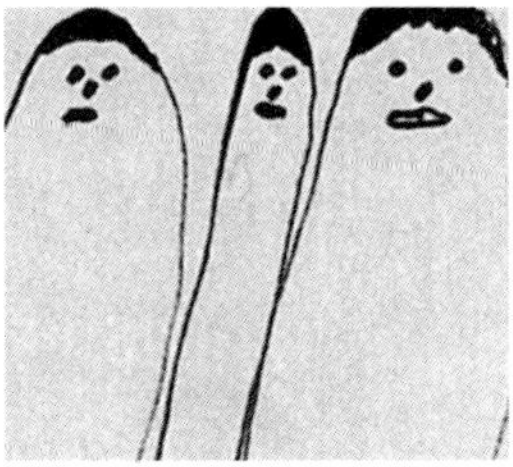

Alkoholabhängigkeit eines Elternteils oder sonstige zerrüttete Familienverhältnisse, d.h. gestörte Elternehe, Ablehnung des Kindes, inkonsequente Erziehung usw. Dies ging bis zu dem schon erwähnten Schlagwort der »schizophrenogenen Mutter«, also einer Mutter, die auf psychosozialem Wege und ohne wesentliche biologische Belastung eine schizophrene Psychose auszulösen vermag.

Was versteht man unter einer »schizophrenogenen Mutter«?

In der Tat pflegt das Eltern-Kind-Verhältnis bei Schizophrenen nicht selten gestört zu sein. Der Kontakt beispielsweise zwischen der Mutter und dem später schizophren gewordenen Kind wird bisweilen durch mangelndes Verständnis der Mutter und gleichzeitig übertriebener Fürsorge und Bevormundung beeinträchtigt. Unsicherheit und Ängstlichkeit führen zu inkonsequentem Wechsel zwischen Strenge und Nachgiebigkeit. Aber das kommt nicht übertrieben häufig vor, ist schon gar nicht die Regel und findet sich auch bei Familien, in denen später niemand schizophren erkrankt. Außerdem: Ist die Ehe der Eltern belastet, pflegt die Mutter in der Regel das schwächere Glied der Auseinandersetzung zu sein. So können deren eigene Unzulänglichkeitsgefühle an das Kind weitergegeben und damit dessen normale Entwicklung in Richtung Unabhängigkeit bedroht werden. Bisweilen läßt sich in den Familien schizophren Erkrankter tatsächlich ein eigentümlich mehrdeutiges Kontaktverhalten untereinander feststellen: unpräzise, inkonsequent, mehrere Interpretationsmöglichkeiten zulassend, damit ohne stützende Leitungsfunktion, ungewiß, verunsichernd. Dies könnte zum Keim späterer schizophrener Kontakt- und Denkstörungen werden, vermutet man.

Die praktischen Konsequenzen solcher Theorien sind aber nicht immer abzusehen – und nehmen bisweilen ihren eigenen Weg. Die negativen Folgen dieser Hypothese, die eigentlich Patient und Angehörigen zugute kommen sollte, äußerten sich denn auch nach und nach in einer fatalen familienfeindlichen Strömung. Den ohnehin schon schwer belasteten Eltern, vor allem der Mutter, bürdete man damit noch Schuldgefühle auf. Heute rückt man von dieser einseitigen Interpretation ab und integriert die Eltern in die Therapie. Das äußert sich vor allem in Angehörigengruppen, die zu einem festen und sinnvollen Bestandteil der Schizophrenie-Behandlung geworden sind.

Was gibt es sonst noch für soziale Belastungen im Vorfeld einer späteren Schizophrenie?

Ein Teil der später schizophren Erkrankten zeigt bereits in Kindheit und Jugend *Leistungsdefizite* und *abnorme Verhaltensweisen*, die Schulerfolg und erste Ausbildungsjahre beeinträchtigen können. Einzelheiten dazu später mehr. Doch betrifft dies nur einen Teil der Patienten. Die Mehrzahl entwickelt sich erst einmal unauffällig und kann bis zum allseits erkennbaren Ausbruch des Leidens den Anforderungen in Schule und Beruf auf normale Weise genügen. Manche sogar mit erstaunlichen Leistungen, wenigstens in bestimmten Fächern. Deshalb läßt sich auch hier kein schlüssiges Erklärungsmuster ableiten.

Lange Zeit wurde auch gesellschaftspolitisch diskutiert, daß – zumindest in den USA – die Schizophrenien in den unteren sozialen Schichten und in den Industriezentren großer Städte etwas häufiger vorkommen und möglicherweise auch einen schwereren Verlauf nehmen. Dabei bleibt jedoch unklar, was in bezug auf Wirtschaftslage, schlechte Wohnverhältnisse, Stadtrandgebiete, häufigen Wohnortwechsel, Industrialisierung, unzureichende hygienische Verhältnisse usw. Ursache oder Folge dieses Leidens ist. Denn nicht wenige schizophren Erkrankte pflegen bereits vor der erstmaligen Aufnahme in eine Klinik eine geringere soziale Position einzunehmen als ihrer gesellschaftlichen Ausgangslage entspricht. Dies betrifft vor allem das männliche Geschlecht, das ja – wie erwähnt – im Schnitt einige Jahre früher erkrankt, und dabei in der sozial empfindlichsten Phase. Das heißt vor allem gefährdete Ausbildung, geringere Chance in der Partnersuche und später im Beruf und damit auch bezüglich der Rentenansprüche usw. Wenn sich auch keine ursächlichen Erkenntnisse mit diesem sozialen Aspekt verbinden, ist die Beeinträchtigung doch eindeutig und unterhält einen Teufelskreis.

Sie sprachen von belastenden Lebensereignissen, die Schizophrene vor Ausbruch ihrer Erkrankung häufiger heimsuchen, als dem Durchschnitt entspricht.

Ein großes Echo fanden in der Tat die sogenannten *belastenden Lebensereignisse*, der Fachausdruck heißt life-events. Diese können eine schizophrene Psychose ausklinken, wenn der Betreffende durch eine genetische Disposition, also eine entsprechende Erbanlage gefährdet ist. Man sprach von erhöhter Verwundbarkeit. Bei geringerer seelischer Verletzlichkeit würden solche Menschen trotz äußerer Beeinträchtigungen gesund bleiben. Bei leicht Verwundbaren hingegen könnten innere und äußere Belastungen in eine schizophrene Psychose münden. Dies gilt allerdings auch für andere seelische Störungen, z.B. Depression, manische Hochstimmung, neurotische Entwicklung usw. Bei einer *Ersterkrankung* finden sich auslösende belastende Lebensereignisse seltener. Deshalb kann man die Schizophrenie wahrscheinlich auch nicht als reine soziogene, d.h. gesellschaftlich bedingte Erkrankung interpretieren. Dagegen spielen die erhöhte Verwundbarkeit sowie belastende Lebensereignisse beim *Rückfall* durchaus eine Rolle. Allerdings wohl nicht so häufig, wie man früher annahm.

Wie würden Sie für die Schizophrenie diese Erkenntnisse zusammenfassen?

Beim *Ausbruch* einer schizophrenen Erkrankung scheinen die organischen Ursachen zu dominieren, auch wenn sie bisher noch nicht befriedigend nachweisbar sind. Im *weiteren Verlauf*, bei der Gefahr von Rückfall und späterer Langzeiterkrankung werden die psychosozialen Einflüsse immer bedeutsamer. Daran knüpfen sich dann auch die jeweiligen vorbeugenden, therapeutischen und rehabilitativen Maßnahmen.

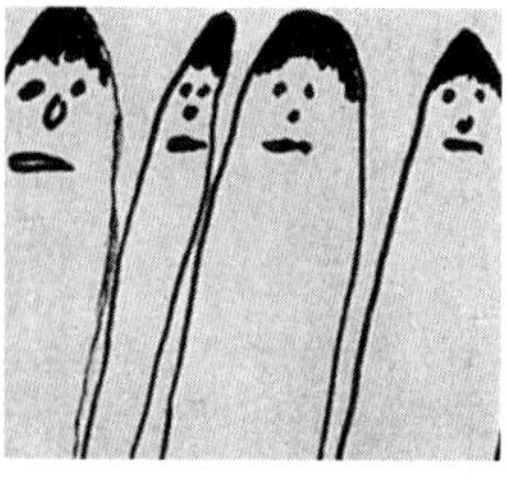

Je früher erkannt, desto schneller und gezielter behandelt, desto erfolgreicher die Therapie. Gibt es dafür entsprechende Warnsymptome, die man rechtzeitig nutzen kann?

Ja, es gibt sie. Leider muß man dazu mehrere Einschränkungen machen: Zum einen sind *Warnsymptome* nicht in jedem Fall anzutreffen. Zweitens sind sie keinesfalls eindeutig in ihrer Aussage und damit präzise nutzbar, im Gegenteil: Sie können zu vielerlei passen, von der alltäglichen Befindensschwankung über die vorübergehende Überforderung bis hin zu ernsten Beeinträchtigungen. Und drittens können sie, wenn sie in die Pubertät fallen, mit den dort üblichen Schwierigkeiten verwechselt werden. Nicht jedes pubertäre Verhalten ist ein Warnsymptom für eine spätere Schizophrenie, bei weitem nicht. Aber so manches sogenannte *Vorposten-Symptom* kann wie eine pubertäre Eigenheit oder ein entsprechendes Fehlverhalten aussehen. Das ist das Problem. Und in die Pubertät fallen ja vor allem beim männlichen Geschlecht gar nicht wenige schizophrene *Erst*erkrankungen.

Damit gerät man bei der an sich notwendigen und sinnvollen Aufklärung in einen Zwiespalt: Einerseits will man rechtzeitig auf eine mögliche krankhafte Entwicklung aufmerksam machen. Andererseits kann es sich in dieser Entwicklungsstufe auch um eine durchaus normale Übergangsphase handeln. Soll man also trotzdem darauf hinweisen, ggf. unnötige Ängste provozieren? Oder soll man nichts sagen und darauf warten, bis sich ausgeprägtere Symptome abzeichnen? Aber dann wäre vielleicht schon wertvolle Zeit verloren.

Der Kompromiß liegt in der Mitte: Wissen kann nie schaden, voreilige Reaktionen sehr wohl. Es ist ja auch nicht so, daß Patient und Angehörige sich völlig selber überlassen bleiben und hilflos ihren Mutmaßungen ausgeliefert sind. Stets ist ein Arzt verfügbar, meist der Hausarzt, der in diesem Fall einen Facharzt hinzuziehen dürfte, also einen Psychiater oder – wenn in entsprechendem Alter – einen Kinder- und Jugendpsychiater. Und dieser wird erst einmal empfehlen abzuwarten, aber beobachtend abzuwarten – und regelmäßig zu berichten. Und dann kommt es eines Tages zur zumindest vorläufigen Entwarnung – oder zur Verdachtsdiagnose. Das eine ist eine Erleichterung, das andere ist nicht schön, aber zur rechten Zeit erkannt weitaus günstiger, als wenn man jetzt den möglichen, meist unfaßbaren und auf jeden Fall schwer zu erklärenden Verhaltensweisen völlig unvorbereitet und damit hilflos ausgeliefert bleibt.

Welches sind nun die wichtigsten Warnsymptome einer beginnenden Schizophrenie?

[7] *Syndrom*: Kombination zusammengehöriger Krankheitszeichen.

Solche uncharakteristischen *Vorposten-Syndrome*,[7] wie man dies nennt, finden sich bei mindestens einem Drittel, vor Ausbruch der Psychose aber immer häufiger. Sie können sich auf nur wenige Monate oder auch auf mehrere Jahre erstrecken. Die meisten dieser späteren Patienten gelten jedoch bis zum allseits erkennbaren Ausbruch ihres Leidens als weitgehend unauffällig, was ihr Verhalten und Erleben betrifft. Manche erscheinen sogar mustergültig, ja fast zu brav und beflissen in Leistung und Betragen. So etwas nannte man früher »Rockzipfel-Kinder«, die lieber bei der Mutter in der Küche blieben oder lange zufrieden mit sich selber spielten, als rauszugehen und mit den anderen zu toben. Dann kommt es jedoch zu einem sogenannten »*Knick in der Lebenskurve*«. Jetzt kann es rasch eskalieren. Oder es gehen längere Phasen langsamer seelischer Änderungen voraus, die schließlich in Verhaltensstörungen münden. In der Mehrzahl sind sie allgemeiner Natur und lassen an nichts Ernstes denken. Oft normalisieren sie sich auch wieder. Manchmal finden sich die Angehörigen nur damit ab, teils aus Hilflosigkeit, teils aus der unbewußten Strategie: Was nicht sein darf, kann nicht sein ...

Was gehört nun zu solchen *Vorposten-Symptomen?* Zum einen eine plötzlich zunehmende Nervosität und allgemeine seelische Labilität. Zum anderen eine rasche Ermüdbarkeit sowie auffällige Merk- und Konzentrationsschwächen, gelegentlich regelrechte Zerstreutheit, die sich in jungen Jahren eher äußert wie »völlig absorbiert« oder »total vereinnahmt – aber von was?«. Ferner eine allgemeine seelische, geistige und sogar körperliche Verlangsamung, bis hin zur unfaßbaren Entschlußunfähigkeit oder

Antriebslosigkeit. Auch sind gehäuft Mißstimmungen, Reizbarkeit, ja Aggressivität oder gar ein unmotiviertes feindseliges Verhalten zu registrieren. Dazu kommen Schlafstörungen und – teils krankheitsbedingt, teils als direkte Folge dieser Beeinträchtigung – ein Leistungsabfall in Schule oder Lehre. Häufig überfällt die Betroffenen auch eine grundlose Genußunfähigkeit, ja Freudlosigkeit, wenn nicht schon ängstlich-gedrückte bis schwermütige Stimmung, oder ein Gefühl der inneren Leere. Manche bezeichnen sich sogar als »wie abgestorben«. Das alles fördert natürlich wiederum eine wachsende Ungeselligkeit, die bis zum erschrekkenden Erkalten der zwischenmenschlichen Beziehungen zu Eltern, Geschwistern, sonstigen Angehörigen, zum Freundeskreis, zu Nachbarn usw. führen kann. Am Schluß drohen sozialer Rückzug und Isolationsgefahr. Die Betroffenen werden anders – und können nicht erklären, weshalb.

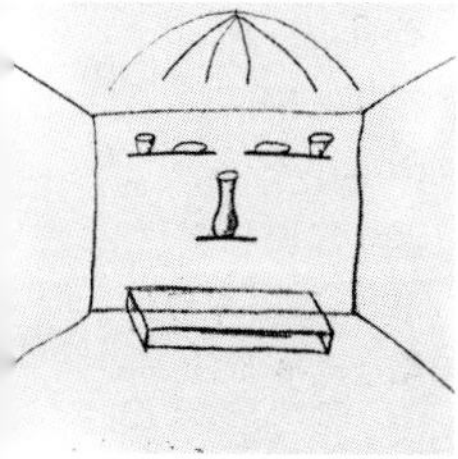

Mitunter zeigt sich auch eine eigenartige Selbstversunkenheit, teils im Spielen, teils im Lesen oder auch nur Schauen. Solche Kinder sind erst einmal pflegeleichter, als wenn sie dauernd verschmutzt und mit zerrissener Kleidung heimkommen. Die Freude der Eltern hält aber nicht lange an, irgendwie hat man den Eindruck, das ist zuviel des »Guten«, da stimmt etwas nicht. In einzelnen Fällen stellt sich später auch ein mehr oder weniger plötzliches, auf jeden Fall überzogenes Interesse an wirklichkeitsfremden Fragen ein, zumeist an religiösen, mystischen, philosophischen oder gesellschaftspolitischen Problemen. Sie beschäftigen den jungen Menschen auf ungewöhnliche Weise oder schlagen ihn fast zwanghaft in ihren Bann, ohne daß er dafür einen nachvollziehbaren Grund angeben könnte. Und vor allem, ohne diesem dafür notwendigen Niveau intellektuell gewachsen zu sein. Da werden dann Bücher entliehen oder gekauft, die völlig überfordern. Wenn in einer solchen Situation der inneren Orientierungslosigkeit, Ratlosigkeit und leichten Beeinflußbarkeit ein junger Mensch in falsche Hände gerät, man denke nur an manche Sekten, kann man sich vorstellen, was droht.

Das *Verhältnis zum anderen Geschlecht* ist in diesem Alter ja ohnehin noch ungefestigt. Bei manchen dieser jungen Menschen im Vorfeld einer schizophrenen Erkrankung kann man es aber fast schon als »verklemmt« bezeichnen, jedenfalls in der Mehrzahl der Fälle. Dabei sind sie in Wirklichkeit hin- und hergerissen zwischen normalen Wünschen und Träumen dieses Alters und einer sonderbar brüsken, abweisenden, gelegentlich fast feindseligen Scheu. Nicht selten kommt es dabei zu unerklärlichen Extremausschlägen im Verhalten, charakterisiert durch Zurückweisung und Rückzug auf der einen Seite bzw. plötzlich aufbrechenden, dann aber als distanzlos oder taktlos empfundenen Verhaltensweisen auf der anderen. Zuletzt droht eine zunehmende Vernachlässigung der bisher klaglos übernommenen Pflichten in Familie, Schule und Beruf. Die Folge ist ein frühes soziales Abgleiten bis hin zur Verwahrlosungsgefahr.

Mit am schmerzlichsten wird aber jene kaum faßbare Atmosphäre empfunden, die von vielen dieser »späteren« Patienten ausgeht und die mit ihrer früheren Wesensart nicht in Einklang zu bringen ist. Das ist eine schwer zu schildernde und vor allem unvereinbare Mischung aus Hilfe suchen-zurückweisen, verschüchtert-arrogant-überheblich, durchgeistigt-schwerbesinnlich, nervig-apathisch usw. Nach und nach macht der Betroffene schließlich auch den Eindruck, als zähle er nicht mehr zu dieser Gesellschaft, teile nicht die Freuden und Sorgen dieser Welt und besonders seiner Altersstufe, gehöre auf einen anderen Stern. Er kommt sich fremd vor und befremdet andere – ohne etwas dagegen tun zu können. Manche dieser jungen Menschen sind deshalb ratlos, resigniert, ängstlich, ja schwermütig oder voller innerer Panik. So kann es nicht ausbleiben, daß sich gerade in dieser Altersstufe Rauschdrogen und Alkohol anbieten und eine erschreckend hohe Zahl schon in jungen Jahren in eine Mehrfachabhängigkeit gerät – mit allen Folgen.

Einige merken übrigens schon recht früh und registrieren sehr wohl, daß sie einerseits unwiderruflich »abrutschen« und andererseits nichts dagegen tun können. Damit geraten sie bereits in diesem frühen Stadium in Gefahr, Hand an sich zu legen. Auf jeden Fall häufen sich Todesphantasien, Suizidwünsche oder konkrete Selbsttötungspläne. Darüber sprechen wir später noch.[8]

[8] siehe Seite 117

Fragen wir in diesem Zusammenhang bereits hier: Was kann einen schizophrenen Rückfall auslösen?

Die *auslösenden Anlässe* für einen schizophrenen Rückfall sind nicht so sehr schizophreniespezifisch, sondern richten sich eher nach dem jeweiligen Individuum bzw. seiner Persönlichkeitsstruktur, seinen Nöten, zwischenmenschlichen Problemen, psychosozialen Schwierigkeiten usw. Sie sind also subjektiv und können deshalb nur schwer von außen beurteilt werden.

In etwa jedem vierten Fall, wahrscheinlich aber häufiger, finden sich Verlusterlebnisse im zwischenmenschlichen Bereich, z.B. Tod, schwere Erkrankung, Trennung, Scheidung von wichtigen Bezugspersonen, ferner Wegzug, Verlassenwerden usw. Daneben berufliche Konflikte in jeglicher Form. Auch mehr oder weniger diskrete akute oder langwierig zermürbende Auseinandersetzungen auf familiärem, partnerschaftlichem, erotischem, aber auch religiösem und ethischem Gebiet. Daneben belasten auch körperliche Auslösefaktoren, beispielsweise Überforderung, Erschöpfung, Operationen, Erkrankungen, das Wochenbett, nicht zu vergessen Schlafmangel, Alkoholexzesse, Rauschdrogenkonsum usw.

Es können aber auch Belastungen sein, wie sie jedermann und zu jeder Stunde hinnehmen muß. Dazu gehören nicht nur ungewöhnliche, unerwartete oder vielleicht auch nur neue Anforderungen in Familie, Nachbarschaft, Beruf usw. Nein, es kann sogar problematisch werden bei alltäglichen – für den Gesunden völlig neutralen und unerheblichen – sozialen Situationen: bei der Unterhaltung mit dem Patienten, oder von anderen untereinander in seiner Nähe; oder auch nur die Gegenwart zu vieler Menschen auf einmal, zu große Dichte oder Nähe, also »Trubel« oder »Rummel«, vielleicht auch nur eine ganz harmlose gesellige Veranstaltung usw. Nicht zuletzt das Gedränge in Kaufhäusern, sonstigen öffentlichen oder privaten Gebäuden, in öffentlichen Verkehrsmitteln, auf Straßen und Plätzen. Ferner optische oder akustische Stimulationen wie Plakat- oder Leuchtreklame-Werbung, durch elektronische Medien u.a. Alles Dinge, die der Gesunde als gewohnt, bestenfalls lästig empfindet. Ähnliches gilt für Arbeit unter Zeitdruck oder rasch wechselnde Anforderungen im Alltag usw.

Man sieht, die meisten Auslösefaktoren sind alltäglich und unspezifisch. Sie gewinnen beim Gesunden bestenfalls dann an Bedeutung, wenn er ohnehin schon unter Anspannung und Streß steht, wenn »seine Nerven blank liegen« oder wenn er sich als »urlaubsreif« empfindet. Das gleiche gilt für den schizophren Erkrankten, nur viel öfter oder sogar dauerhaft.

Und wie kündigt sich ein schizophrener Rückfall an? Gibt es Frühwarnzeichen? Auf was sollte man achten?

Ein *psychotischer Rückfall* kann zwar plötzlich ausbrechen. Meist hat man dann aber die Vorzeichen übersehen. Die Regel ist jedoch kein Alles-oder-nichts-Ereignis. Die sogenannte *psychotische Dekompensation*, wie man dies in Fachkreisen nennt, verläuft nach und nach über mehrere Zwischenstufen bis zum endgültigen Ausbruch der Psychose. Drei Viertel aller Patienten geben an, vor ihrem Rückfall Veränderungen in ihren Gedanken, Gefühlen oder in ihrem Verhalten bemerkt zu haben. Die Familienangehörigen registrieren dies sogar in mehr als 90 % der Fälle. Aber die meisten dieser sogenannten »*Warnsymptome*« sind allgemeiner Art. Vor allem sind sie keine psychotischen Krankheitszeichen, eher Befindensschwankungen, unspezifische Hinweise des Mißbehagens, auch als Streßfolgen mißdeutet.

Dazu gehören beispielsweise »Angespanntsein«, »Nervosität«, Merk- und Konzentrationsstörungen, innere Unruhe, Schlafstörungen, Freudlosigkeit, Interesselosigkeit, depressive Verstimmungen, Elendigkeitsgefühl, Gedächtnisstörungen, Minderwertigkeitsgefühle, Appetitlosigkeit usw. So etwas kennt fast jeder von sich selber – und achtet dann weder bei sich noch bei anderen darauf. Deshalb läßt sich mit diesen Warnsymptomen leider nicht viel verhüten. Etwas anderes ist es natürlich, wenn die Umgebung ein Auge darauf hat. Das ist zwar anstrengend, dafür wird man dann aber nicht erst durch die eigentlichen *präpsychotischen Symptome* gewarnt.

Wie äußern sich nun diese psychosenahen oder bereits echten psychotischen Symptome im Rahmen eines drohenden Rückfalls?

Solche – leider mehr oder weniger unspezifischen – *Warnsyndrome* kann man nach den heutigen Erkenntnissen in seelische, körperliche und psychosoziale Symptomgruppen unterteilen. Das wären beispielsweise:

1. *Ängstliche Unruhe, Spannung und Nervosität:* Die Betroffenen werden immer empfindlicher, humorloser, legen jedes Wort auf die Goldwaage, und zwar mehr als in sonst üblichen Streßsituationen zu registrieren wäre. Vielleicht verbreitet sich auch eine gewisse Nervosität, Fahrigkeit und Hektik, kurz: eine ungesunde Überaktivität, die zwar alle anderen anstecken kann, aber auch unproduktiv, lästig bis belastend ausfällt. Oft ist damit auch ein weiteres Phänomen verbunden, nämlich

2. *eine wachsende Reizbarkeit, ja Aggressivität:* Die Patienten können sich über Kleinigkeiten aufregen. Sie pflegen dann z.B. der Meinung zu sein, daß die Umgebung sie ungerecht behandle, provoziere, benachteilige, lächerlich mache usw. – auch wenn sie bei entsprechenden Nachfragen ihr Mißtrauen nicht überzeugend begründen können. Das ganze wächst zu einer Art »reizbarer Schwäche oder Hilflosigkeit« aus. Eine unangenehme Umtriebigkeit kann – selbst bei sonst ruhigen, friedlichen, verträglichen und hilfsbereiten Personen – auch in eine hintergründige, später immer reizbarere Aggressivität ausufern. Bisweilen endet das alles in einer regelrechten Feindseligkeit, offen oder nur mangelhaft verdeckt. Niemand weiß warum, keiner hat etwas Böses getan. Auch eine negativistische Einstellung ist möglich: nur unwillig oder überhaupt nicht tun, was man soll oder muß – bzw. bewußt das Gegenteil. Dabei fallen bisweilen Bemerkungen, die als unangebracht oder böswillig interpretiert werden können, vor allem aber die anderen verdrießen. Der Reizbarkeitspegel steigt, die Atmosphäre in Familie, Nachbarschaft und am Arbeitsplatz wird immer gespannter.

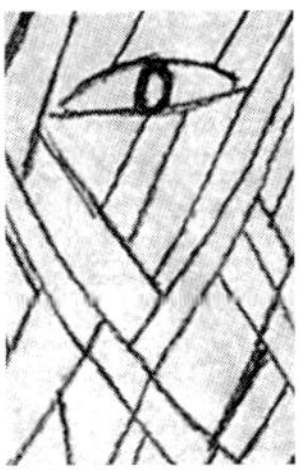

3. Es kann aber auch zu *Gemütsstörungen* kommen, und zwar in beide Richtungen: Zum einen eine eher ungesteuerte Umtriebigkeit mit lästigem Rededrang bis hin zur Distanzlosigkeit. Viel häufiger aber das Gegenteil: niedergeschlagen, resigniert, traurig, freudlos, hoffnungslos, seelisch-körperlich verlangsamt bis zur völligen Antriebslosigkeit, ferner Schuld- und Minderwertigkeitsgefühle, ja Selbsttötungsideen. Solche depressiven Verstimmungen spielen fast immer eine Rolle, vordergründig oder versteckt, ob erkannt oder nicht.

4. *Die kognitiven, d.h. geistigen Beeinträchtigungen* sind dafür umso deutlicher: Konzentration, Merkfähigkeit und Gedächtnisleistung lassen spürbar nach oder werden durch ein ständiges Grübeln regelrecht aufgesogen. Alles wird mühsam, kann nur mit doppelter Kraftanstrengung geleistet werden. Bisweilen steht der entsetzte Patient vor seiner Routinearbeit und begreift nicht einmal mehr, was dort geschrieben steht, von einer fachlichen Bearbeitung ganz zu schweigen. Die Anfragen, vor allem die ungnädigen und gereizten, häufen sich. Es beginnt ein Teufelskreis, häufig in der sonderbaren Mischung aus Depressivität und Aggressivität, auch als die erwähnte »reizbare Schwäche« bezeichnet.

5. *Selbst an körperlichen Beeinträchtigungen* mangelt es nicht: vor allem Schlafstörungen, ja völlige Schlaflosigkeit, und wenn, dann zerhackter Schlaf, mit belastenden Träumen. Ferner unklare körperliche Mißempfindungen, Appetitlosigkeit und ein undefinierbares Gefühl des Unwohlseins, dazu Hitzewallungen, Kälteschauer, feuchte Hände, ggf. Bewegungsstörungen im Sinne von Steifigkeit. Letzteres schon ohne die antipsychotisch wirkenden Neuroleptika, die bei Überdosierung so etwas auslösen können.

6. *Vielleicht beginnt auch schon ein auffälliges Verhalten*, bis hin zu eindeutig psychotischen Störungen: viele Patienten wandern rastlos-ratlos in Zimmer, Haus, Garten, in Straßen, in Wald und Feld umher. Sie wühlen in Papieren, Schubladen, Schränken. Sie versuchen in Büchern, Zeitungen, Radio und Fernsehen zu finden, was sie selber nicht erklären können. Dazu kommt die zunehmende Beschäftigung mit religiösen, mystischen oder psychologischen Fragen; die Verweigerung von Nahrung oder die plötzliche Bevor-

zugung einseitiger Ernährungsweisen; ungewöhnliche Kaufsucht; die Vernachlässigung von Körperpflege und Kleidung. Einige beginnen sich schon über Kleinigkeiten aufzuregen, werden schmerzempfindlicher, klagen über Zwangsgedanken oder Zwangshandlungen, verlieren die Lust an Dingen, die ihnen früher etwas bedeuteten, fühlen sich »einfach schlechter«, und zwar ohne jeglichen Grund. Schließlich besorgte, ängstliche oder gereizt-aggressive Klagen bzw. Vorwürfe, daß die Leute über einen zu reden beginnen, einen zu beeinflussen, zu kontrollieren, zu manipulieren oder zu schädigen versuchen. In dieser Phase kann es erstmals auch zu Sinnestäuschungen kommen. Manche Patienten fangen deshalb an Selbstgespräche zu führen, wobei sie in sich hineinhorchen, also offensichtlich Stimmen hören. Andere können plötzlich nicht mehr in den Spiegel schauen oder wenn, dann scheinen sie irritiert, was sie da sehen oder auch nicht.[9] Bei manchen Patienten kommt es während dieser Zeit zu verzweifelten Selbstbehandlungsversuchen mit Alkohol, Nikotin, vielleicht sogar Rauschdrogen. Oder mit Medikamenten, aber leider meist ohne ärztliche Anordnung bzw. Überwachung.

[9] siehe Seite 51

7. *Die psychosozialen Konsequenzen* äußern sich in der Regel in Rückzug und Isolationsgefahr: Partnerschaft, Familie, Nachbarschaft, Freundeskreis, Arbeitsplatz, überall geht es nicht mehr. Es häufen sich irritierte Reaktionen, Auseinandersetzungen, Beschwerden, Vorwürfe, vielleicht sogar Abmahnungen oder ernstere Konsequenzen. Der Betroffene ist zwar offensichtlich selber daran schuld, wirkt dabei aber irgendwie hilflos, ausgeliefert. Schließlich zieht er sich zurück, läßt niemanden mehr an sich heran. Das macht das ganze noch viel schlimmer. Lebt ein Patient allein, dann sind die Folgen unabsehbar. Ist er in eine Familie integriert bzw. läßt sich diese durch nichts beirren und stellt vor allem eine fachärztliche Behandlung sicher, dann ist ein Rückfall wohl eine Belastung, aber kein ernsteres Problem.

Auch wenn sich das Krankheitsbild der Schizophrenie ins weniger Spektakuläre verschoben hat, so möchten wir doch mit jenen Symptomen beginnen, die am auffälligsten sind bzw. in der Allgemeinheit am ehesten mit einer schizophrenen Psychose in Verbindung gebracht werden. Welches sind die eindrücklichsten Krankheitszeichen?

Schon früher wurde versucht, zwischen sogenannten Symptomen 1. und 2. Ranges zu unterscheiden, also solchen, die mehr und solchen, die weniger diagnostisches Gewicht aufweisen. *Symptome 1. Ranges* waren beispielsweise bei den akustischen Sinnestäuschungen Stimmen, die im Dialog miteinander sprechen und das Tun und Lassen des Patienten kommentieren, ferner das sogenannte Gedankenlautwerden, dazu Leibgefühlsstörungen und Wahnwahrnehmungen sowie bei den schizophrenen Ich-Störungen Gedankeneingebung, Gedankenentzug, Gedankenausbreitung und Willensbeeinflussung. Dagegen haben *Symptome 2. Ranges* wie Gehör-Sinnestäuschungen, Trugwahrnehmungen beim Sehen, Riechen und Schmecken weniger Aussagekraft für eine schizophrene Psychose. So jedenfalls die Einteilung der älteren Psychiatrie-Generation. Sie wird langsam durch modernere Klassifikationen abgelöst, z.B. diejenige der Weltgesundheitsorganisation. Wir haben schon zu Beginn darauf hingewiesen.[10] Es soll aber nicht verschwiegen werden, daß keines, selbst dieser auffälligen und nach alter Überzeugung typischsten Symptome für sich allein genommen krankheitsspezifisch für eine schizophrene Psychose ist.

[10] siehe Seite 19

Was kann denn ein solches »schizophrenes Beschwerdebild« auch noch auslösen?

Ein solches psychotisches Krankheitsbild – man nimmt jetzt dazu den Oberbegriff »Psychose« – ist beispielsweise auch möglich bei bestimmten Gehirnkrankheiten wie Gehirnentzündung, Hirntumor, Epilepsie, aber auch bei Rauschdrogenkonsum oder sonstigen Vergiftungen. In Einzelfällen gibt es selbst rein seelisch ausgelöste psychotisch anmutende Reaktionen.

Beginnen wir doch mit jenen Symptomen, die am ehesten mit einer Schizophrenie in Verbindung gebracht werden: Was sind Halluzinationen?

[11] Wenn *Halluzinationen* zu den eindrucksvollsten und vordergründigsten Krankheitszeichen einer Schizophrenie gehören, spricht man auch von einer *halluzinatorischen Schizophrenie* bzw. einer *paranoid* (= *wahnhaften*) *-halluzinatorischen Schizophrenie*. Manchmal auch von einer *paranoid-halluzinatorischen Psychose aus dem schizophrenen Formenkreis*.

Halluzinationen,[11] auch als *Sinnestäuschungen* oder *Trugwahrnehmungen* bezeichnet, sind Wahrnehmungen ohne entsprechenden Sinnesreiz von außen. Es wird also etwas gesehen, gehört, gerochen, geschmeckt oder gespürt, was – objektiv – nicht vorhanden ist. Halluzinationen sind einfach da, überwältigen gleichsam den Betroffenen, so daß er sich ihnen hilflos ausgeliefert fühlt. Die akustischen Sinnestäuschungen, die *Stimmen,* drängen sich plötzlich in seinen Gedankengang hinein. Das gleiche gilt für alle anderen Trugwahrnehmungen. Der Patient kann ihnen nicht entkommen. Ob er nun daran glaubt, was er hört, sieht, schmeckt usw. ist eine andere Frage. Da gibt es unterschiedliche Gewißheitsgrade. Sie reichen von absolut gewiß über relativ, d.h. möglich, bis zu völlig unsicher oder gar selber eine Sinnestäuschung vermutend. Entsprechend unterschiedlich sind auch die Auswirkungen auf das Verhalten.

Häufig handelt es sich auch um Sinnestäuschungen, von dessen Realität der Patient nicht völlig überzeugt ist. Das nennt man dann *Pseudo-Halluzinationen*. Diese besitzen keinen Wirklichkeitscharakter, sondern werden als unecht erkannt. Manchmal sind allerdings auch fließende Übergänge möglich.

Akustische Sinnestäuschungen gehören zu den wichtigsten und beweisenden Symptomen einer Schizophrenie. Was passiert da?

Bei den *akustischen Halluzinationen* oder *Trugwahrnehmungen des Gehörs* dominieren meist Stimmen einer oder mehrerer Personen, bekannt oder unbekannt, männlich, weiblich, Erwachsenen- oder Kinderstimmen, laut, leise, deutlich, verwaschen, aus Nähe oder Ferne, aus der Umgebung, der Wand, dem Nachbarhaus, einer Antenne, oder aus dem eigenen Leib, dem Magen, dem Blut, dem Kopf, aus Ohr oder Gehirn usw. Gewöhnlich sind es nur einzelne Worte oder kurze Sätze, manchmal Sekunden oder Minuten, selten länger, kaum andauernd. Meist handelt es sich um Stimmen, die den Kranken beim Namen rufen, kritisieren, beschimpfen, bedrohen, warnen, aber auch ermuntern, loben, ja sogar Witze erzählen, in der Regel sich einfach über den Betroffenen unterhalten, sein Tun oder Lassen kommentieren. Oder ihm auch einmal Befehle erteilen, was man »*imperative Halluzinationen*« nennt. Solche Befehle werden mitunter auch ausgeführt und sind dann Anlaß zu unverständlichen Handlungen, vielleicht sogar Gewalttaten, was jedoch deutlich seltener vorkommt als allgemein befürchtet. Auf jeden Fall sprechen die Stimmen gerne über gefühlsbetonte und damit meist unangenehme Angelegenheiten, aber auch völlig gleichgültige Dinge.

In dem jeweiligen Gedankengang passen sie – wie erwähnt – meist nicht hinein, sondern unterbrechen und stören ihn, wie wenn eine wirkliche Person hinzutritt und sich in Gedanken oder Gespräch einmischt. Je nach Inhalt werden diese Halluzinationen des Gehörs als unterhaltender Zeitvertreib empfunden, wobei man dann manche Kranken auch einmal in sich hineinlachen sieht. Oder sie sind lästig bis quälend, was zum Zurückschimpfen, zum Schreien oder Toben führen kann. Schizophrene, die »Selbstgespräche« führen, sind meist im Zwiegespräch mit ihren Stimmen. Auch plötzliche Schimpftiraden sind oft nur eine Antwort auf solche Beleidigungen, Kränkungen oder Beschimpfungen.

Manche Schizophrene führen auch lange »Unterhaltungen« mit Nicht-Anwesenden, Verstorbenen, mit politischen oder kulturellen Persönlichkeiten, mit Gott usw. In vielen Fällen stumpfen die Patienten ab und werden gleichgültig, was ihre Stimmen anbelangt. Manchmal aber werden sie auch zum Ausgangspunkt wahnhafter Deutungen, also eines sogenannten »Erklärungswahns«. Dann ziehen die Betroffenen einen Rückschluß auf böse Nachbarn, Verfolger, Rundfunk, Fernsehen, den »6. Sinn«, »Telepathie«, magische oder okkulte Kräfte, göttliche Offenbarungen usw. Dann kann es für diejenigen, die hier – ohne ihr Wissen – in diese krankhaften Abläufe einbezogen worden sind, durchaus Probleme geben. Auf jeden Fall ist ihnen völlig unklar, weshalb sich der noch nicht als krank Erkannte plötzlich so sonderbar verhält.

Gibt es außer diesen Stimmen noch andere akustische Sinnestäuschungen?

Zum einen gibt es das schon erwähnte *Gedankenlautwerden* oder *Gedankenecho*. Dabei werden nur die eigenen Gedanken als Stimmen hörbar. Davon später mehr. Zum anderen gibt es sogenannte *Akoasmen*, wie es in der Fachsprache heißt. Das äußert sich in Rauschen, Summen, Pfeiffen, Klopfen, Knallen, Klirren, Schießen, Trommeln, Sausen, Zischen, Bellen, Heulen, Wiehern, in undifferenzierten Geräuschen, aber auch Orgeltönen, Glockengeläut usw. Solche Geräusch-Trugwahrnehmungen gibt es aber auch im Vorstadium der Epilepsie sowie im Alkoholdelirium. Das ist also nicht allein auf eine schizophrene Psychose beschränkt.

Wenn sich ein Schizophrener so beeinträchtigt fühlt, warum prüft er dann nicht einfach wie jeder normale Mensch nach, woher das kommt? Und wenn er feststellt, da ist nichts oder niemand, dann ist es eben eine Selbsttäuschung, dann ist doch alles klar.

Diese Empfehlung ist nachvollziehbar – aber eben auch typisch für unser Denken und nur möglich für uns Gesunde. Wenn es so einfach wäre, gäbe es die akustischen Halluzinationen als Symptom, also als Zeichen einer seelischen Krankheit gar nicht. Leider hat der Patient nicht die Macht und Fähigkeit, sich von diesem Symptom zu distanzieren und es damit zu verbannen. Er ist ein Teil des Symptoms geworden – und das prägt sein Verhalten. Tatsächlich werden die vermeintlichen Urheber peinigender Stimmen fast nie zur Rede gestellt. Die Betroffenen vergewissern sich kaum jemals durch Umfragen, ob auch andere die gleichen Stimmen hören. Am Anfang kann es noch gelegentlich vorkommen, daß sie nachfassen, ob auch andere solche Stimmen vernehmen. Selbst später mag es immer mal wieder fließende Übergänge und Unklarheiten geben: ist das alles jetzt real oder nicht? Doch schließlich läßt dieses Bedürfnis einer kritischen Kontrolle nach, was ohnehin nur für uns Gesunde gilt. Der Patient selber ist gleichsam ein Gefangener seiner Halluzinationen geworden. Das gleiche gilt natürlich auch für alle anderen Trugwahrnehmungen wie Sehen, Schmecken, Riechen und Fühlen.

Mindestens genauso spektakulär für den Laien sind optische Sinnestäuschungen, die natürlich in Wort und Bild besonders eindrucksvoll genutzt werden, um eine schizophrene Erkrankung zu schildern.

Optische Halluzinationen, also sogenannte Gesichts-Sinnestäuschungen werden zwar gerne für spektakuläre Darstellungen genutzt, haben aber nicht den charakteristischen Stellenwert wie die Trugwahrnehmungen des Gehörs. Sie kommen in etwa einem Drittel der Fälle vor und sind vor allem nicht so szenenhaft, wie man sich das meist vorstellt. So etwas gibt es zwar, aber beispielsweise viel plastischer bei epileptischen Dämmerzuständen, im Delirium tremens des Alkoholkranken oder bei Halluzinationen im Rahmen einer Vergiftung mit Rauschdrogen, z.B. Haschisch, LSD usw. Natürlich irritieren auch beim Schizophrenen gelegentlich Szenen, Gestalten, bewegt oder unbewegt, meist dem Zeitgeist entsprechend, also früher vor allem mythologische oder allegorische Darstellungen. Wenn sie – was allerdings immer seltener wird – in Verbindung mit religiös-ekstatischen Zuständen auftreten, spricht man deshalb von »Visionen«.

Häufig sind es aber auch nur sogenannte *Photeme*. Das sind Blitze, Funken, Flecken, geometrische Figuren oder ein undifferenzierter Licht- oder Farbenschein. Mitunter auch schnelle, wechselhafte Abläufe, die durchaus bedrohlichen Charakter annehmen können. Und um beim Bedrohlichen zu bleiben, so gibt es natürlich auch einmal das, was man im Film sieht, also die Veränderung des Gegenüber im Gesicht, an den Händen, in der Kleidung usw. Das sind dann aber vor allem *Wahrnehmungsstörungen*, auf die wir später noch zu sprechen kommen. Auf jeden Fall führt es natürlich zu Angst und Panik beim Patienten – und zu Reaktionen, die der ahnungslose Gesunde nicht zu verstehen vermag.

Was sind illusionäre Verkennungen?

Illusionäre Verkennungen oder *Illusionen* im psychiatrischen Sinne kommen von dem lateinischen Begriff: illudere, das heißt verhöhnen, verspotten. Tatsächlich sind illusionäre Verkennungen Fehldeutungen von Sinneseindrücken, die jedoch – im Gegensatz zu den Halluzinationen – auf einem realen Objekt beruhen. Hier wird also etwas verkannt, was jedoch vorhanden ist: Wanduhr als Fratze, Tapetenmuster oder Schatten als Gestalten usw. Allerdings gibt es auch hier fließende Übergänge zu den echten Sinnestäuschungen. Bei der Schizophrenie finden sich diese Verkennungen vor allem auf akustischem Gebiet: Gespräche, Straßenlärm, Vogelgesang, Hundegebell, Motorengeräusch usw. Sie alle haben plötzlich eine andere Bedeutung, von der diffusen Bedrohung bis zur konkreten Beschimpfung.

Illusionäre Verkennungen sind aber nicht nur auf schizophrene Psychosen begrenzt. Sie gibt es auch beim Gesunden, von der reinen Übermüdung oder bloßen Erwartungshaltung bis zur ängstlichen Wahrnehmung von allerlei Bedrohlichem im nächtlichen Wald. Der »Erlkönig« von Goethe ist dafür ein beliebtes Beispiel.

Welche Bedeutung haben Trugwahrnehmungen des Geruchs und Geschmacks bei der Schizophrenie?

Sogenannte *olfaktorische* oder *Geruchshalluzinationen* bzw. *gustatorische*, also *Geschmackssinnestäuschungen* kommen bei der Schizophrenie relativ selten vor, etwa in jedem 10. Fall. Hier, wie bei den Trugwahrnehmungen des Gesichts, ist es das gleiche Problem: Das, was man in der Allgemeinheit zu wissen glaubt, hält sich in Grenzen und das, was besonders quält, ist weitgehend unbekannt.

In Grenzen halten sich Sinnestäuschungen des Geruchs aber auch nur zahlenmäßig, ansonsten sind sie überaus unangenehm: Die Betroffenen riechen Benzin, Schwefel, Teer, Rauch, Gas, Verbranntes oder einfach undefinierbar Gift, Aas, Fäulnis, Verwesung, Leichengeruch usw. Angenehme Gerüche kommen zwar vor, sind aber die Ausnahme. Die Geruchstäuschung belästigt entweder unlokalisierbar und diffus oder kommt aus bestimmten Richtungen bzw. Objekten, also Löchern, Ritzen, Töpfen, Geräten sowie Herd, Schreib- oder Waschmaschine u.a.

Ähnliches gilt für die *Geschmackshalluzinationen*. Auch sie sind meist unangenehmer Art: bitter, salzig, übersüßt, sauer, gallig, fäkalisch, schwefelig, nach Seife oder Reinigungsmitteln, nach Petroleum, Kloake usw. Das ist auf Dauer natürlich eine gewaltige Belastung und kann nicht ohne Reaktion des Betroffenen bleiben – die die anderen allerdings in keiner Weise nachvollziehen können.

Was versteht man unter leiblichen Halluzinationen?

Leibliche Beeinflussungserlebnisse sind ebenfalls ausgesprochen quälende Symptome, die man zudem kaum adäquat zu schildern vermag. Außerdem stoßen sie bei den Gesunden weitgehend auf Unverständnis. Man kann sie sich einfach nicht richtig vorstellen. Dabei fühlen sich die Kranken am oder im Körper beispielsweise berührt, angeblasen, elektrisiert, bestrahlt, magnetisiert, durch Ultraschall, Kathoden- oder Laserstrahlen angepeilt, durch Suggestion oder Hypnose beeinflußt, verändert, geschwächt, manipuliert oder gar zerstört. Im Extremfall werden die inneren Organe angefressen oder zermalmt, sind hohl oder verkohlt usw. So etwas trifft fast jeden zweiten schizophren Erkrankten.

Nicht selten sind die Leibhalluzinationen auch *sexueller* Natur. Männer glauben, sexuell manipuliert und mißbraucht zu werden, ihr Samen würde »durch Fernwirkung abgezogen« usw. Weibliche Betroffene fühlen sich »sexuell mißbraucht«, »vergewaltigt«, »geschwängert« und »körperlich mißhandelt«.

Im Rahmen dieser Leibhalluzinationen kann man noch unterscheiden in sogenannte *taktile Trugwahrnehmungen* des Tastsinns sowie *haptische Sinnestäuschungen* an der Körperoberfläche.

Das Entscheidende solcher leiblicher Beeinflussungserlebnisse ist das schon mehrfach erwähnte Kriterium des »Gemachten«: Die Patienten empfinden sich von außen gelenkt, meist von bestimmten Personen oder fremden Menschen, aber auch unbekannten Mächten und Kräften. Sie fühlen sich als willenloses Opfer ohne eigene Einfluß- und Widerstandsmöglichkeit, was ihre Situation noch mehr erschwert.

In letzter Zeit hört man vermehrt von einem sonderbaren Symptom, unter dem man sich noch weniger vorstellen kann: den Zoenästhesien. Was versteht man darunter?

Neu ist weder Begriff noch Beschwerdebild. Es wird nur einfach viel zu selten erfragt. Und geklagt wird es von den Betroffenen deshalb so wenig, weil diese Krankheitszeichen so eigenartig, bizarr, sonderbar, kurz: schwer faßbar sind, daß man sie kaum adäquat schildern kann. Dabei sind sie ausgesprochen häufig. Man spricht von drei Vierteln aller schizophren Erkrankten.

[12] Stehen *Zoenästhesien*, also Leibgefühlsstörungen im Vordergrund, spricht man gelegentlich auch von einer *zoenästhetischen Schizophrenie*.

Unter *Zoenästhesien*[12] versteht man eigenartige Leibgefühle, die allerdings nicht als »von außen gemacht« wahrgenommen, eher als körpereigene Störungen empfunden werden. Manchmal treten sie anfallsweise, manchmal in raschem Wechsel oder phasenhaft auf. Auf jeden Fall sind sie so schwer zu schildern, daß viele Betroffene gezwungen sind, fast schon groteske Vergleiche oder Bilder zu bemühen. Das macht ihre Schilderung eigenartig diffus, verschwommen, unpräzise und skurril – und schadet ihrem Ansehen damit noch mehr, weshalb sie lieber schweigen.

Wie äußern sich diese Zoenästhesien konkret?

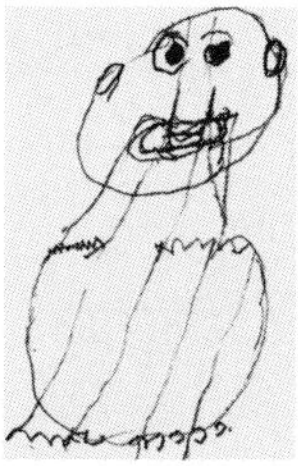

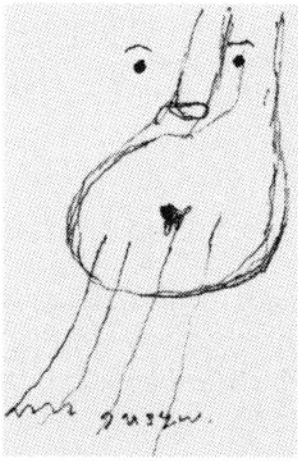

Geklagt wird beispielsweise über Taubheits-, Steifigkeits- und Fremdheitsempfindungen, aber auch über das völlige Fehlen von Organen wie Magen oder Blase, ja sogar Hände und Füße. Dann wieder sind es umschriebene Schmerzempfindungen, anfallsweise oder langsam an- und abschwellend, von jeder Qualität wie Bohren, Reißen, Brennen, Stechen usw. Nicht selten sind sogenannte Wandersensationen, das heißt unbestimmt kreisende oder auf- und absteigende Leibgefühle. Schon etwas nachvollziehbarer sind Elektrisierung oder Temperaturbeeinflussungen wie Hitzewallungen und Kälteschauer, diffus oder umschrieben.

Vielfältig, bis zum »Wahnsinn« treibend und damit eine Selbsttötungsgefahr auslösend, sind auch bizarre Bewegungs-, Zug- und Druckempfindungen im Körperinneren. Oder Reifen-, Band- und Ringgefühle bis hin zum panischen Empfinden, daß die entsprechenden Körperteile stranguliert werden.

Auch abnorme Schwere- oder Leichtigkeitsgefühle, das Empfinden von Leere, von Fall-, Sink-, Schwebe- und sonstigen Phänomenen machen natürlich Angst. Ganz zu schweigen von dem Gefühl der Verkleinerung oder Schrumpfung, des Sich-Zusammenziehens und der Einschnürung bis hin zu Atemnot- und Erstikkungsgefühlen. Oder das Umgekehrte: Vergrößerung oder Ausdehnung. Oder die Patienten klagen über Scheinbewegungserlebnisse der Gliedmaßen, über eine plötzliche Bewegungsschwäche bis hin zu sogenannten Bannungszuständen, in denen sie sich nicht mehr bewegen und sprechen können. Zermürbend sind auch eigenartige Gleichgewichtsstörungen mit Anfällen von Drehschwindel, Gangunsicherheit, dem Gefühl, wie auf Watte, Wellen oder Kork zu laufen usw.

Das hört sich ja erschreckend an. Wie reagieren eigentlich die Betroffenen auf solche unfaßbaren Beeinflussungen?

Sie haben recht. Jedes einzelne dieser Symptome würde jeden von uns in Angst und Schrecken versetzen. Ähnlich geht es natürlich auch den schizophren Erkrankten. Wenn sich aber solche Symptome häufen, – und vor allem nicht nachlassen, weil sie nicht adäquat behandelt werden, gibt es im wesentlichen zwei Möglichkeiten: Das eine ist eine andauernde Grundstimmung aus Mißbefindlichkeit, abnormer Erschöpfbarkeit und schließlich Kraftlosigkeit. Diese Menschen sind einfach »fertig«, man kann es sich denken.

Die zweite Möglichkeit kann man in zwei Stadien unterteilen: Das eine ist geprägt von Unruhe, Angst, ggf. panischen Erregungszuständen. Dies vor allem dann, wenn es sich um gefährlich erscheinende Störungen der Herztätigkeit handelt, die man ja erst einmal organisch einstuft. Das kann sich bis zur Sterbeangst ausweiten. Trotzdem pflegen noch viele Betroffene halbwegs distanziert und im zwischenmenschlichen Bereich schwingungs- und kontaktfähig zu bleiben. Erst nach und nach werden sie gleichgültig, indifferent und apathisch. Manchmal zeigen sie auch eine grundlos gehobene Stimmungslage, fast ein paradoxes inhaltloses Glücksgefühl. In der Regel engen sie sich aber immer mehr auf ihr abnormes Leiberleben ein. Bisweilen aber fängt das ganze auch wieder von vorne an mit resigniert-depressiver oder ängstlich-erregter Stimmungslage. So kommt es mitunter zu einem Wechsel zwischen gespannt-getrieben und apathisch bzw. nachvollziehbarer oder inadäquater Stimmungslage und Reaktion. Zuletzt werden die Betroffenen aber von ihren dauernden Leibgefühlsstörungen völlig absorbiert und reagieren kaum mehr auf ihre Umgebung.

Wahrnehmungsveränderungen

Die optischen Sinnestäuschungen sind offenbar weniger beeinträchtigend, als man glaubt. Dafür scheinen sich bei den Wahrnehmungsveränderungen jene Szenen abzuspielen, die besonders belasten?

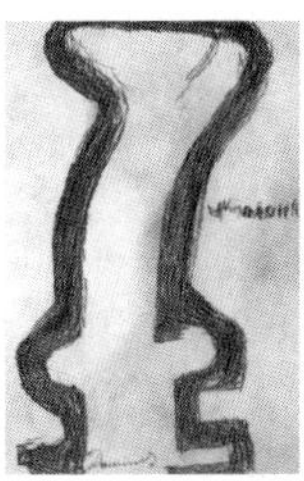

Unter dem Oberbegriff der *Wahrnehmungsstörungen* versteht man einerseits die schon erwähnten Halluzinationen, andererseits die *Wahrnehmungsveränderungen*. Sie kommen bei etwa einem Drittel aller schizophren Erkrankten vor, manchmal schon zu Beginn des Leidens. Hier dominiert dann auch der optische Bereich. Bei diesen Wahrnehmungsveränderungen wird die reale Umwelt zwar erkannt, jedoch entweder in ihrer Intensität oder in ihrem Erscheinungsbild verändert wahrgenommen. Die Dauer solcher Phänomene schwankt zwischen Sekunden und mehreren Wochen und tritt meist phasisch, manchmal aber auch überfallartig auf.

Bei den *quantitativen Wahrnehmungsveränderungen* handelt es sich in der Regel um eine Über- oder Unterempfindlichkeit gegenüber Sinneseindrücken. Das heißt, die Sinneseindrücke werden als eindringlicher, intensiver empfunden, oft aber auch als lästig, unangenehm, peinigend oder gar quälend. Dazu gehört meist eine Überempfindlichkeit gegenüber Geräuschen, Gerüchen und Berührung.

Im Gegensatz dazu werden bei der *Unterempfindlichkeit* die Sinneseindrücke weniger intensiv und deutlich wahrgenommen. Auch das kann sehr lästig sein.

Die quantitativen Wahrnehmungsveränderungen sind allerdings kein spezifisches Symptom der Schizophrenie und können sogar bei Gesunden in seelisch-körperlichen Ausnahmezuständen oder hochgradiger Erschöpfung vorkommen – im Gegensatz zu den qualitativen Wahrnehmungsveränderungen, die sich bisweilen sehr dramatisch darstellen.

Was versteht man unter qualitativen Wahrnehmungsveränderungen?

Die *qualitativen Wahrnehmungsveränderungen* sind wahrscheinlich das, was man häufig den optischen Halluzinationen zuschreibt: befremdliche, schockierende, ja Entsetzen erregende Phänomene, die dann auch zu entsprechenden Reaktionen führen können, bis hin zur panischen Flucht, zu fremdgefährlichen Aggressionen[13] und selbstgefährlichen Suizidhandlungen.[14] Diese Art von Symptomen ist es auch, die am meisten in Wort und Bild zur Schilderung der Schizophrenie herangezogen wird:

[13] siehe Seite 112

[14] siehe Seite 117

Da sind Gesichter entstellt, verzerrt, verschoben, bekommen erschreckende Dimensionen oder befremdliche bis schockierende Veränderungen, was Augen, Nase, Ohren, Behaarung, Haarfarbe, Zähne usw. anbelangt. Das kann sich übrigens – wie erwähnt – in Sekundenschnelle abspielen, also gleichsam überfallartig, was noch mehr irritiert. Und es betrifft natürlich nicht nur das Gesicht, sondern auch Hände, Arme, Beine, Füße, die ganze Gestalt. Auch das Sehen kann sich abnorm verändern im Sinne von

Verschwommen- oder Trübsehen, ungewöhnlichen Farben, aber auch alles grau in grau, und sogar Sehausfälle. Oder die Umgebung, Menschen, Tiere, Gebäude, die ganze Landschaft kommt gefährlich nah oder rückt in weite Ferne, wird bedrohlich groß oder ungewöhnlich klein, verzerrt sich in den Dimensionen, verdoppelt sich, wird schräg oder schief oder gerät in sonderbare Scheinbewegungen. Oder Größe und Entfernungen lassen sich nicht mehr abschätzen, feste Konturen lösen sich auf.
Erschreckend ist es auch, wenn bestimmte optische Eindrücke abnorm lange haften bleiben, obwohl das Objekt schon längst verschwunden ist. Oder das nachträgliche Sehen von zuvor tatsächlich Registriertem. Oder die Stimmen der anderen klingen leise und entfernt oder laut, schrill und hohl, weit über die schon erwähnte Überempfindlichkeit hinaus. Oder die Wahrnehmung wird an bestimmten Details festgemacht, von denen man nicht mehr loskommt, förmlich gefesselt ist. Oder die eigenen Handlungsabläufe sind nicht mehr optisch oder von der Bewegung her überwachbar, sondern laufen gleichsam unbeeinflußbar aus dem Ruder. Oder – darauf werden wir noch detaillierter zu sprechen kommen –, Entfremdungserlebnisse im Sinne von Derealisation: alles so sonderbar, komisch, fremdartig, schwer beschreibbar, noch nie gesehen. Und am Schluß eines der am meisten beängstigenden Phänomene, die Depersonalisation: Ich bin gar nicht mehr ich selber.
Etwas, was gelegentlich in Wort und Bild zur dramatischen Darstellung dieser schockierenden Veränderungen genutzt wird, ist das sogenannte »Spiegelphänomen«. Hier sehen – zumindest bei Krankheitsbeginn – manche Patienten immer wieder fassungslos in den Spiegel und prüfen ihr Gesicht. Warum? Das Gesicht hat sich verändert: Augen, Haar, Gesichtszüge, oder – unfaßbar – das ganze Gesicht ist leer, nicht mehr vorhanden. Hier kann man dann auch verstehen, weshalb manche schizophren Erkrankte durch verzweifeltes Überschminken versuchen, ihrem Gesicht wieder Augenbrauen und Lippenrot zu geben.

Zwei Phänomene sind es, die man im allgemeinen Verständnis vor allem mit einer Schizophrenie verbindet: Halluzinationen und Wahn. Sinnestäuschungen kann man sich noch am ehesten vorstellen. Der Wahn aber ist schon viel schwieriger zu fassen. Was versteht man unter Wahn?

[15] Stehen *Wahnphänomene* im Vordergrund, spricht man von einer *paranoiden Schizophrenie* oder *paranoiden Psychose aus dem schizophrenen Formenkreis*. Kommt es darüber hinaus zu Sinnestäuschungen, also *Halluzinationen*, nennt man dies eine *paranoid-halluzinatorische Schizophrenie* oder *paranoid-halluzinatorische Psychose aus dem schizophrenen Formenkreis*.

Der *Wahn*[15] ist eine krankhaft entstandene Fehlbeurteilung der Wirklichkeit. An dieser Fehlbeurteilung wird mit subjektiver Gewißheit unkorrigierbar festgehalten, selbst wenn sie im Widerspruch zur objektiven Realität, zur eigenen Erfahrung und zum Urteil gesunder Mitmenschen steht. Häufig will der Wahnkranke seine wahnhafte Überzeugung auch gar nicht überprüfen, geschweige denn korrigieren oder verteidigen. Das Charakteristische des Wahns ist vor allem die unerschütterliche Überzeugung ohne ausreichende Begründung. Der Betroffene weiß einfach, daß es so und nicht anders ist, ohne daß es eines Beweises bedarf. So etwas nennt man deshalb auch eine *Bedeutungsgewißheit*: »Es ist so«. Die Wahnwirklichkeit ist die einzige Wirklichkeit des Kranken geworden. Die gemeinsame Realität, also »es schneit« oder »es scheint die Sonne«, ist für den Betroffenen ungültig geworden. Er ist in seiner Wahnwelt eingekerkert.
Ein weiterer, wesentlicher Faktor ist die sogenannte *Ichbezogenheit* zufälliger oder gleichgültiger Vorgänge. Das heißt, es werden zufällige und alltägliche Vorkommnisse in der Umwelt, oder auch gleichgültige Handlungen, harmlose Worte, Bemerkungen oder sonstige Beobachtungen fälschlich für besonders bedeutungsvoll gehalten und gewöhnlich auf die eigene Person bezogen.

Kann man nicht versuchen, den Betroffenen in die Realität zurückzuholen?

Wer diese krankhafte Wahn-Realität des Patienten in Frage stellt, anzweifelt oder gar lächerlich macht, ist für den Betroffenen kein Diskussionspartner mehr. Das ist sehr wichtig für den Umgang mit schizophren Erkrankten. Und für das Verständnis mancher unfaßbarer Handlungsweisen, Bemerkungen und vor allem Rückzugstendenzen. Was bringt auf Dauer der Kontakt mit Menschen, die offenbar in einer ganz anderen Welt leben, unter anderen Bedingungen als der Betroffene. Soll er sich damit ständig auseinandersetzen oder besser zurückziehen, um sich unfruchtbare Auseinandersetzungen zu ersparen und Kräfte zu schonen.

Manchmal stehen Wahnwirklichkeit und objektive Realität aber auch einfach nebeneinander. Das stört den Betroffenen aber nicht, weil beide Welten gleichsam kontaktlos nebeneinander existieren und nicht miteinander in Beziehung treten. Das eine schließt das andere eben nicht aus, so unlogisch es auch sein mag. Um es in einem schlichten Beispiel auszudrücken: Ein Schizophrener mag sich als Bundespräsident, Millionär oder Adeliger fühlen und trotzdem in der Arbeitstherapie der Klinik Schrauben sortieren, weil er mit diesem Gehalt zusätzlich Zigaretten kaufen kann.

Manchmal können Wahnwirklichkeit und Realität auch ineinanderfließen. Dann muß der Betreffende quälend um sein Realitätsbewußtsein ringen. Das führt einerseits zu Ratlosigkeit, Verwirrung und Angstzuständen, kann aber auch in seelisch-körperliche Erstarrung[16] oder Erregungszustände[17] mit Fremd- oder Selbstverletzungsgefahr münden.
Mit seinem übrigen Denken vermag der Wahnkranke übrigens nach gesunden Maßstäben zu urteilen. Der Wahn muß also nicht das gesamte Leben in Beschlag nehmen.

[16] siehe Seite 111
[17] siehe Seite 108

Wie häufig sind Wahnphänomene und gibt es verschiedene Formen des Wahnerlebens?

Wahnphänomene gibt es fast bei jeder schizophrenen Erkrankung, zumindest vorübergehend. Und natürlich nicht nur dort. Man findet den Wahn auch bei den sogenannten exogenen Psychosen, also Geisteskrankheiten durch äußere Auslöser und Ursachen. Nun gibt es zwar viele Möglichkeiten der wissenschaftlichen Unterscheidung, die aber für den Alltag nicht bedeutsam sind. Vielleicht noch am ehesten die verschiedenen *Formen des Wahnerlebens*, nämlich Wahnstimmung, Wahneinfall, Wahngedanken, Wahnwahrnehmungen, Wahnerinnerungen, schließlich sogar Wahnsystem.

Was versteht man unter einer Wahnstimmung?

Die *Wahnstimmung* tritt häufig als erste auf. Es ist eine Art Alarmstimmung: »Es liegt was in der Luft.« »Es ist etwas los« – aber was? Die Umgebung scheint so merkwürdig, so seltsam. Irgendetwas geschieht, was den Patienten zwar »angeht«, aber er durchschaut es nicht. Alles ist so eigentümlich, so komisch, so unheimlich, so bedrohlich. Man kann sich keinen Vers drauf machen, »was hier gespielt wird«. Denn die Wahnstimmung ist noch meist diffus, es hat sich noch nichts Konkretes herauskristallisiert. Die Dinge bedeuten zwar schon »etwas«, aber genaues weiß man nicht. Die Folge ist vor allem Ratlosigkeit, angstvolle Erwartung, Argwohn, Mißtrauen, Verunsicherung, leichte Irritierbarkeit, Schreckhaftigkeit und Bedrückung.

Da die Wahnstimmung meist am Anfang der schizophrenen Psychose steht, wo noch niemand ahnen kann, was sich hier abspielt bzw. daß es bei einem Rückfall wieder losgeht, ist dieses Symptom für Patient und Umgebung besonders irritierend und belastet die Atmosphäre erheblich.

Was sind Wahnwahrnehmungen?

Wahnwahrnehmungen sind keine (wie vielleicht der Name suggeriert) Trugwahrnehmungen, Sinnestäuschungen, also Halluzinationen. Nein, Wahnwahrnehmungen sind reale Wahrnehmungen aus alltäglichen Vorkommnissen. Soweit sind sie also kein krankhaftes Phänomen. Sie erhalten jedoch für den Patienten eine andere, nur ihm real erscheinende Bedeutung, die von keinem gesunden Beobachter bestätigt werden kann. Oder kurz: Die Wirklichkeit stimmt, die Interpretation ist falsch.

So werden beispielsweise alltäglichen Erscheinungen wie einer Bemerkung, einem Gespräch, einer Geste, einer Handlung, einem Zeitungsartikel, einer Radio- oder Fernsehsendung eine spezifische Bedeutung beigemessen, meist auf den Betroffenen selber bezogen. Man muß das mit praktischen Beispielen erklären: »Ständig fahren gelbe, rote und schwarze Autos um mich herum. Das ist eine eindeutige Warnung, man will mich fertigmachen: gelb ist die Warnung, rot ist das Urteil, schwarz ist das Ende.« »Wenn ich auf den Markt gehe, stehen die Leute um mich herum. Das muß einem doch unheimlich werden. Alle sind so komisch, man steckt die Köpfe zusammen, tuschelt, redet offensichtlich hinter meinem Rücken. Drehe ich mich um, fährt man auseinander.« »Kürzlich berichtete man im Fernsehen über ein peinliches Erlebnis, das ich vor 2 Wochen hatte. Sicher, man deutete es nur an, aber im Grunde wissen jetzt alle Beteiligten Bescheid.« »Bei der Umdekoration im Laden gegenüber wurde mir plötzlich klar: Das ist das Zeichen. Jetzt mußt du gehen. Es ist zu spät, mein Gott, warum sagt man es mir nicht direkt, warum mit diesem Aufwand.« »Wenn der Hauswirt mich trifft, faßt er sich immer an den Kopf. Es ist mir schon klar, was das bedeuten soll. Aber was kann ich dagegen tun, ich bin doch gar nicht schuld?«

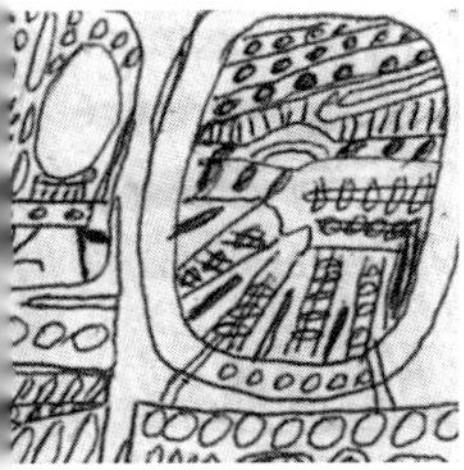

Es gibt aber auch indirekte, bedeutungsvolle wahnhafte Interpretationen: Ein Tintenfleck auf der Schreibunterlage verhöhnt den Betroffenen als »Schandfleck«. Mit dem Knöchel auf die Tischplatte klopfen, heißt, man sei ein »Bekloppter«, also ein Dummkopf. Ein hupendes Auto im Abendrot signalisiert den Weltuntergang mit »Posaunenklang« usw.
Manchmal kann es aber auch einmal eine positive Wahnstimmung geben, eine Art Gehobenheit, Beseeligung, Glücksgefühl – aber nur selten.

Was ist ein Wahneinfall?

Ein *Wahneinfall* ist eine plötzlich auftauchende wahnhafte Überzeugung, ja Wahngewißheit, eine »Eingebung« oder »Erleuchtung«, der sich der Kranke nicht entziehen und die er auch nicht näher zu begründen vermag. Das kann sowohl Verfolgung und Beeinträchtigung, als auch Berufung und Erhöhung sein.

So ist dem Kranken auf einmal klar, daß er in eine Verschwörung verstrickt ist, daß man ihn beschattet und demnächst »eliminieren« will, oder daß er der illegitime Nachkomme einer aussterbenden Dynastie ist, daß ihm demnächst eine Millionenerbschaft zufallen wird, daß er heilende Kräfte hat oder zum Erlöser, zumindest aber Religionsstifter berufen ist usw.

[18] *hypochondrisch*: krankhafte Selbstbeobachtung.

Wahneinfälle gibt es also häufig bei der Schizophrenie. Sie beziehen sich entweder auf die eigene Person, also beispielsweise religiöse, gesellschaftliche, politische Berufung oder Abstammung. Oder auf den eigenen Leib, beispielsweise hypochondrische[18] Ängste wegen möglicher Funktionsstörungen. Oder auf Benachteiligung bzw. Verfolgung durch fremde Mächte, Personen, undefinierbare Kräfte usw. So etwas hat natürlich auch entsprechende Konsequenzen im Verhalten des Patienten. Je mehr man über die Schizophrenien und ihre vielfältigen Beeinträchtigungen weiß, desto mehr wundert man sich darüber, und zwar daß nicht so viel, sondern daß so erstaunlich wenig passiert, wenn man in Rechnung stellt, auf welch mannigfache Weise die Betroffenen gequält werden.

Was sind Wahngedanken?

Bei den *Wahngedanken* ist das gesamte Erleben inhaltlich völlig vom Wahn absorbiert. Der Patient grübelt und sinniert nur noch dem Wahn nach und sucht ständig nach Erklärungen, Verknüpfungen, Schlußfolgerungen usw.

Und was sind Wahnerinnerungen?

Bei den *Wahnerinnerungen* wird ein Ereignis oder eine Situation in der Vergangenheit rückwirkend wahnhaft umgedeutet, gleichsam wahnhaft rückdatiert. Jetzt weiß man plötzlich, was dieses oder jenes bedeutet hat, jetzt ist alles klar.

Was versteht man unter Wahnarbeit?

Von einer *Wahnarbeit* spricht man dann, wenn der Wahn durch weitere Einfälle, durch Sinnestäuschungen, die das ganze »bestätigen«, durch die erwähnten Wahnwahrnehmungen und sonstige Begründungen, Beweise, Ableitungen und Verknüpfungen regelrecht ausgebaut, am Schluß zu einem Wahnsystem ausgestaltet wird.

Das Wahnsystem ist also eine krankhafte Endstufe des Wahns?

Durch die erwähnte Wahnarbeit wird zumindest alles miteinander verknüpft und erklärt und zu einem fertigen Wahngebilde ausgebaut, bei dem jedes mit jedem verwoben ist und zueinander paßt: Stimmen, leibliche Beeinflussungserlebnisse, sonstige Sinnestäuschungen, ergänzt durch Lebensgeschichte, Persönlichkeitsstruktur und die vielen Umweltfaktoren des jeweiligen Schicksals. Am Schluß fügt sich alles nahtlos zusammen und bestätigt die Wahngewißheit. Das ganze ist zu einem mehr oder weniger geschlossenen *Wahnsystem* geworden.

Welches sind die wichtigsten Erscheinungsformen des Wahns?

Zu den häufigsten Erscheinungsformen des Wahns gehören beispielsweise Beeinträchtigungswahn, Verfolgungswahn, Bestehlungswahn, Beziehungswahn, Untergangswahn, Fremdbeeinflussungswahn, Heilswahn, Weltverbesserungs- bzw. Welterneuerungswahn, Omnipotenzwahn, also zu allem fähig zu sein, ferner Abstammungswahn, hypochondrischer Wahn mit krankhafter Selbstbeobachtung, nihilistischer Wahn, d.h. nichts mehr zu sein, oder Krankheitswahn, Verarmungswahn, Schuldwahn, Verdammungswahn, Größenwahn, Liebeswahn, Schwangerschafts- bzw. Mutterschaftswahn, Reichtumswahn, wahnhafte Erhöhung der eigenen Position, Begnadigungswahn, Unschuldswahn, Querulantenwahn, Eifersuchtswahn, Bedrohungswahn und anderes mehr.

Können Sie einige Erscheinungsformen des Wahns kurz erläutern?

Der Beziehungswahn ist eine wahnhafte Eigenbeziehung. Dabei bezieht der Kranke Personen und Gegenstände auf sich selber und ist der festen Überzeugung, daß bestimmte Ereignisse nur seinetwegen geschehen oder für ihn eine spezielle Bedeutung haben: Ein Gespräch handelt von ihm, ein Blick, ein Lächeln, ein Stirnrunzeln, eine Geste gilt ihm usw. Der Beziehungswahn kann

isoliert vorkommen oder aber die Grundlage für andere Wahninhalte bilden, vor allem Verfolgungs- oder Liebeswahn.
Im *Beeinträchtigungswahn* ist alles, was um den Patienten herum geschieht, gegen ihn gerichtet: Er wird gekränkt, beleidigt, verhöhnt, verspottet, bedroht, man trachtet nach seinem Leben, seiner Gesundheit, seinem Besitz usw.

Der *Verfolgungswahn* ist eine Steigerung des Beeinträchtigungswahnes: Selbst harmlose Ereignisse werden als Bedrohung und Verfolgung erlebt und alle in der näheren und weiteren Umgebung werden zu Verfolgern und Hintermännern, die sich u.a. technischer Hilfsmittel bedienen: Videokameras, Fernsehen, Laserstrahlen, Funkgeräte, Satelliten.

Beim *Größenwahn* kann man verschiedene Unterformen abgrenzen, deren Häufigkeitsverteilung nach Region, Epoche oder aktuellen Ereignissen variiert, und natürlich je nach Schicksal des Erkrankten: Erfinderwahn, politischer Wahn (führender Staatsmann, Mitglied eines Herrscherhauses), religiöser Wahn mit Heilsauftrag, überirdische Macht usw.

Beim *Kleinheitswahn* oder *Nichtigkeitswahn* fühlt sich der Betroffene ohnmächtig, verloren, unbedeutend, bis hin zum nihilistischen Wahn, vom lateinischen: nihil, d.h. nichts. Dabei meint der Kranke, er existiere nicht mehr, lebe nur noch zum Schein.

Nehmen wir zum Abschluß noch einige Wahnformen, die auch bei anderen seelischen Störungen vorkommen können. Dazu gehört der *Liebeswahn*, ein erotischer Beziehungswahn mit der wahnhaften Überzeugung, verehrt oder geliebt zu werden. Dabei wird Gesten, Blicken oder neutralen Verhaltensweisen eine besondere Bedeutung beigemessen. Oder der *Eifersuchtswahn*, die wahnhafte Überzeugung, von seinem Partner betrogen und hintergangen zu werden, auch wenn keinerlei Beweise vorliegen. Im *Schuldwahn* glaubt der Betroffene gegen Gesetz und Moral zu verstoßen, das Vertrauen der Allgemeinheit, seines Arbeitgebers, Partners usw. mißbraucht zu haben, nicht krank, sondern schlecht, minderwertig, verdammungswürdig zu sein – und deshalb auch keine Behandlung, sondern Bestrafung zu verdienen.

Beim *Verarmungswahn* fühlt sich der Betreffende plötzlich ohne Arbeitsstelle, Besitz, Geld, ja Kleidung und Nahrung, d.h. ausgesetzt, mittellos, kurz vor dem Hungertod – und zwar ohne jeglichen Anlaß. Auch seine Angehörigen kann er entsprechend bedroht sehen. Und im *hypochondrischen Wahn* fühlt er sich unheilbar krank, dem Siechtum oder nahen Tod ausgesetzt. Die entsprechenden Befürchtungen sind entweder auf spezielle Krankheiten gerichtet, z.B. Krebs, Multiple Sklerose, AIDS, oder mehr diffus, also »Hirnschwund«, »Schrumpfung innerer Organe« usw.

Werden die Patienten durch solche wahnhaften Beeinträchtigungen nicht völlig kopflos und machen Dinge, die das Ganze erst so richtig anheizen?

Aber natürlich. Und das Problem liegt darin, daß die Umgebung selbstverständlich nur die kopflose Reaktion, das Unsinnige, das Nicht-Nachvollziehbare zu registrieren vermag. Man kann ja in die Betroffenen nicht hineinsehen, weiß oft noch nicht einmal, daß es sich um eine Krankheit handelt. Die Patienten sehen ja aus wie sonst auch. Nur sie verhalten sich plötzlich anders, auffällig, machen unfaßbare Dinge.

Nehmen wir doch nur folgendes Beispiel, weil es sich am besten nutzen läßt: den Beeinträchtigungs- oder Verfolgungswahn. Was ist die Reaktion, was wäre unser *aller* Reaktion in einer solchen Lage? Da muß man nicht lange nachdenken. Wir wären irritiert, verunsichert, verängstigt, gewarnt und plötzlich hellwach, empört, wütend, aggressiv, wir würden den Dingen nachgehen, herumfragen, Beweise sammeln, uns beraten lassen von Freunden, Behörden, Rechtsanwälten, wir würden bei der Polizei Anzeige erstatten, den Staatsanwalt informieren usw. Und wir würden – wenn wir glaubten, den Beweis zu haben –, den oder die Schuldigen zur Rede stellen, ggf. beschimpfen, bedrohen oder angreifen. Vielleicht würden wir aber auch fliehen, von Ort zu Ort, schließlich völlig in die Enge getrieben Selbsttötungsgedanken entwickeln. Was soll das alles noch, es hat ja doch keinen Sinn.

Und genau dasselbe geschieht mit den anderen Wahnformen, jede auf ihrer Ebene. Selbst »positive« Wahnphänomene wie Heilswahn, Weltverbesserungswahn, Abstammungswahn, Reichtumswahn usw. haben Konsequenzen. Vor allem unkorrigierbare Folgen, denn – und damit wollen wir das Wahnthema abschließen –, der Wahn ist eine *unkorrigierbare* Fehlbeurteilung der Realität. Der Betroffene kann nichts daraus lernen. Das ist schon eine unglückliche Entwicklung, der man nur dadurch beikommt, daß man sie rechtzeitig erkennt und gezielt medikamentös behandelt.

Entfremdungserlebnisse

Sie sprachen auch von dem Phänomen, daß sich Schizophrene als »nicht mehr sie selber« bzw. als alles so sonderbar um sich herum empfinden. Gehört das auch zum Wahn?

Das sind sogenannte *Entfremdungserlebnisse*, die man noch in zwei Phänomene unterteilen kann:
Bei der sogenannten *Depersonalisation* meint der Betroffene: »Ich bin nicht mehr ich selber.« Tatsächlich erscheinen einzelne Körperteile oder Organe fremd, nicht mehr zum Körper gehörig, wie abgestorben. Körper, Körperteile, Organe und Körperfunktionen sehen auch anders aus, fühlen sich anders an, arbeiten anders als sonst, funktionieren nicht mehr richtig – aber natürlich nur im Bewußtsein oder besser: im krankhaften Erleben des Patienten.
Das andere ist die sogenannte *Derealisation*: alles ist wie fremd, unwirklich, abgerückt, sonderbar, unecht, künstlich. Jetzt werden Sie sagen: Das ist doch typisch schizophren. Doch genau das ist es nicht. Es kommt zwar bei den Schizophrenien vor, vor allem zu Beginn der Erkrankung und nicht zuletzt in jungen Jahren. Doch finden sich solche Entfremdungserlebnisse auch bei der endogenen Depression, bei der neurotischen Entwicklung und Persönlichkeitsstörung, bei bestimmten epileptischen Anfällen und mitunter sogar im Zustand starker Übermüdung bei Gesunden. Und überall irritiert zwar dieses sonderbare Phänomen der Unwirklichkeit, Fremdheit, der Ferne und Verschleierung – jedoch ohne Einfluß von außen, also nicht »von außen gemacht, gesteuert, gelenkt oder aufgezwungen«. Genau das aber ist das Typische für eine schizophrene Psychose, wie es die Störungen des Ich-Erlebnisses charakterisieren.

Was versteht man unter Störungen des Ich-Erlebens?

Die *Störungen des Ich-Erlebens*, auch als *schizophrene Ich-Störungen* bezeichnet, gehören zu den wichtigsten diagnostischen Hinweisen für eine Schizophrenie. Leider sind sie weit weniger bekannt als die Halluzinationen und nicht so gut zu erklären wie die erläuterten Wahnphänomene. Wir werden dennoch versuchen, sie ein wenig ausführlicher darzustellen. Wer sie begriffen hat, ist dem Wesen der schizophrenen Erkrankung schon näher gekommen und versteht sowohl die »Verrücktheiten« vom Außenstandpunkt als auch die innerseelische Qual der Betroffenen besser.
Um was handelt es sich:

Das für die Schizophrenien charakteristischste Phänomen ist das Gefühl im Denken, Handeln und Fühlen von Außenkräften beeinflußt und gesteuert zu werden. Und das ist auch das Kennzeichnende dieser Ich-Störungen: Die eigenen innerseelischen Abläufe werden als von außen und von anderen gemacht, gelenkt und beeinflußt erlebt. Alles, was sich in meiner Seele abspielt, gehört dadurch nicht mehr mir selbst. Die Verbundenheit zu mir, meinem Ich, ist verloren. Die jedermann zugestandene Schranke zwischen Ich und Umwelt ist durchlässig geworden. Man kann hinein- und hinausspazieren, »ich bin ein öffentliches Freiwild geworden«, wie es einmal ein Betroffener verzweifelt ausdrückte. Genau betrachtet ist das natürlich auch das Schlimmste, was einem passieren kann – eine Art »gläserner Mensch im seelischen Bereich«. Und nicht nur dies: Man kann nicht nur alles sehen, spüren, hören, man kann auch manipulieren. Der Patient ist zum Spielball, zur Marionette anderer geworden.

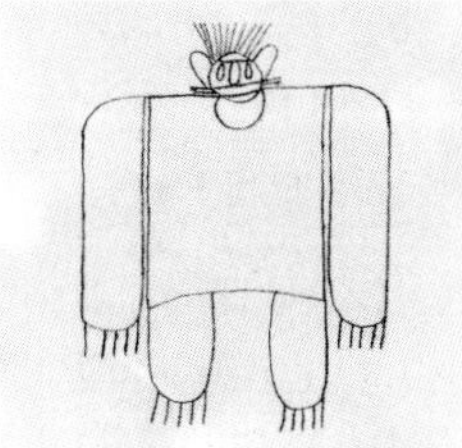

In diesem Zusammenhang lassen sich nun auch weitere Symptome verstehen, die wir hier nur kurz andeuten. Dazu gehört die *Willensbeeinflussung*: Hier wird der Wille gelenkt, ein fremder Wille eingegeben, die eigenen Antriebe, Bewegungen und Handlungen, ja sogar die sprachlichen Äußerungen als von außen und von anderen gemacht erlebt – und damit natürlich die eigene

Verantwortung und Entscheidungsfähigkeit untergraben. Mitunter werden sogar die seelischen Gefühle als von außen manipuliert empfunden.

Oder die Symptome: *Gedankenentzug, Gedankenenteignung, Gedankenausbreitung und Gedankeneingebung*, von den Betroffenen auch als »*Gedankenübertragung*« bezeichnet. Diese Begriffe sprechen für sich: Man entzieht oder enteignet dem schizophren Erkrankten seine eigenen Gedanken. Oder sie breiten sich auf alle anderen aus, verstreuen sich gleichsam in alle Welt. Oder man zwingt ihm fremde Gedanken auf, überträgt die Gedanken von anderen auf ihn selber. Auf jeden Fall wird er »entmachtet« und von fremden Gedanken unterjocht.

Ich-Störungen enthalten den Begriff Ich, das bei Schizophrenen in vielfältiger Weise gestört sein soll. Was versteht man unter Ich?

Nichts fällt dem *Gesunden* leichter, als zu sagen: »Ich bin ich«. Kaum ein Wort benützen wir so häufig wie dieses »Ich«, selbst wenn man kein Egoist ist. Jeder ist sich seiner eigenen personellen Identität gewiß: »Ich bin ich, was soll die dumme Frage?« Und doch ist kaum ein Begriff so schwer zu definieren und hat zu so vielen Diskussionen angeregt, wie dieses »Ich«. Es ist kein einheitlicher Begriff, keine konkrete Sache, sondern eine Konstruktion aus verschiedenen Theorien, die jede für sich ihren bestimmten Zweck und ihre Funktion hat.

Für den alltäglichen Sprachgebrauch und für unser gesundes Empfinden und Selbstwertgefühl heißt dieses »Ich bin«, daß ich lebendig, einheitlich und zusammenhängend in der Beschaffenheit bin, mich von anderen Wesen und Dingen abzugrenzen und

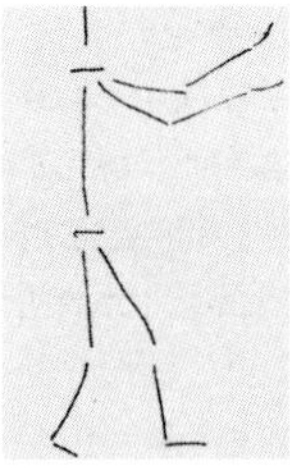

zu unterscheiden vermag, daß ich eigenständig bin und mein Registrieren der Dinge um mich herum sowie mein Handeln selber bestimmen kann. Kurz: daß ich ich selber sein darf – in jeder Lebenslage. Soweit dieser etwas philosophisch anmutende und weit ausholende Vorspann. Warum? Weil er für den schizophren Erkrankten so nicht mehr gilt.

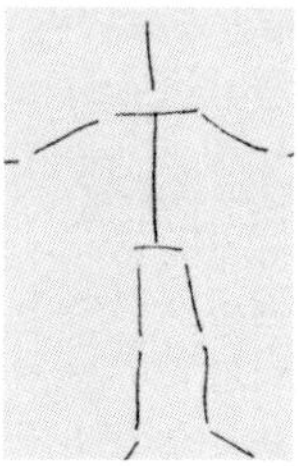

Für ihn ist das Ganze keine theoretische oder philosophische Frage, für ihn wird es zur Existenzfrage schlechthin. Unter einer Existenzfrage versteht man zumeist eine wirtschaftliche, vor allem finanzielle Gefährdung. Es kann sich aber auch um eine innerseelische Bedrohung handeln. Nur darum kümmert sich kein Mensch, obgleich dies eine noch viel existentiellere Gefahr ist. Wenn einer seine wirtschaftliche Grundlage verliert, ist jeder voller Mitleid. Wenn einer seine seelische Grundlage verliert, kann er mit keiner Hilfe rechnen, ja, er wird als »Verrückter« abgestempelt.

Wie unterteilt man Ich-Störungen?

Bei den Ich-Störungen unterscheidet man Störungen von Vitalität, Aktivität, Konsistenz, Demarkation und Identität des Ich. Das hört sich jetzt erst einmal sehr fachlich bis hochtrabend an, enthält aber konkrete und sehr quälende und beängstigende Beeinträchtigungen. Gehen wir diese Störungen nach und nach durch, zumindest in Stichworten.

Was heißt Störung der Ich-Vitalität?

In der *Störung der Ich-Vitalität* steckt das lateinische Wort *vita*, also Leben. Jeder der lebt, ist sich auch sicher, daß er lebendig ist. So sonderbar sich dieser Satz anhört, für den schizophren Erkrankten hat er einen sehr belastenden Stellenwert. Wer nicht mehr lebendig ist, ist tot. Und wer tot ist, denkt, fühlt und handelt nicht mehr. Anders beim Schizophrenen. Manche Schizophrene müssen krankhafterweise annehmen, daß sie nicht mehr lebendig sind. Das muß sie aufs heftigste schockieren. Solche Menschen fragen dann in Angst und Panik: »Lebe ich noch?« Oder: »Bin ich überhaupt noch? Ich spüre mich gar nicht mehr als lebendig«. Oder: »Ich habe Angst, daß das Leben von mir geht, daß ich untergehe, sterbe oder gar verwese«. Oder: »Ich bin schon tot, zu Staub zerfallen« und anderes mehr. Alles übrigens Sätze, die man als unaufgeklärter Außenstehender für sonderbar, skurril, spleenig oder verrückt hält, während der Betroffene im wahrsten Sinne des Wortes voller Angst und Panik um seine innere Existenz ringt.

Die Folge ist der verzweifelte Versuch, die Frage »tot oder lebendig« zu klären, vielleicht sogar handfest. Zuerst vermag der Patient vielleicht »nur« voller Entsetzen verstummen und in Regungslosigkeit erstarren. So etwas nennt man dann einen *katatonen Stupor.*[19] Der aber kann in einen *Erregungszustand*[20] umschlagen, d.h. ziellos davonlaufen, draufschlagen – kurz: sich selbst zu spüren versuchen. Das gleiche gilt in weniger ausgeprägter Form für *stereotype Bewegungsmuster*[21] in Mimik, Wort oder Bewegung. D.h. der Betroffene grimassiert absonderlich, wiederholt den immer gleichen Satz wie »lebe ich noch?«, »ich lebe noch!« Oder fügt sich gar Selbstverletzungen zu, um den Schmerz zu spüren, das Blut rinnen zu sehen. Denn was heißt das: Es tut weh, ich blute? Das heißt: Ich lebe!

[19] siehe Seite 111
[20] siehe Seite 108
[21] siehe Seite 104

Und was sieht der Außenstehende ohne diese Erkenntnisse einer innerseelischen Qual und Auseinandersetzung mit der Frage: tot oder leben dürfen? Er sieht einen »Verrückten«, vielleicht sogar einen blindwütig Tobenden«, der sich selbst und ggf. andere scheinbar grundlos verletzt.

Wenn nun aber das Gefühl und schließlich die Gewißheit der eigenen Lebendigkeit kontinuierlich abnimmt, muß sich der Patient andere Bewältigungsversuche einfallen lassen, will er in den eigenen Augen noch als lebendig gelten. Vielleicht bildet er sich dann wahnhaft ein, nur deshalb leiblich zu vergehen, weil er eine schwere, aufzehrende Körperkrankheit hat. Also entwickelt er einen *hypochondrischen Wahn*, eine unbegründete, aber nicht korrigierbare Befürchtung, an Krebs, Leukämie, Tuberkulose, AIDS usw. erkrankt zu sein. Das kann so plastisch werden, daß er seinen eigenen Fäulnis- oder Verwesungsgeruch wahrnimmt, also beispielsweise *Geruchssinnestäuschungen* entwickelt. So kommt eines zum anderen.

Oder der vermeintliche leibliche Untergang kann in einen regelrechten *Untergangswahn* münden. Und der betrifft nicht nur ihn selber, sondern die ganze Welt. Das wäre dann also eine *wahnhafte Katastrophenstimmung herannahenden Unglücks, ein Weltuntergangswahn.* So etwas kann sich auf die täglichen Nachrichten über äußerliche Katastrophen beziehen: Erdbeben,

Flutwellen, Vulkanausbrüche, Atomexplosionen, Terroranschläge und Kriegshandlungen. Es kann aber auch auf einen »innerseelischen Untergang« zurückgehen – wie oben beschrieben. Oder man fühlt sich verfolgt: Der eigenen Ohnmacht durch Verlust des Lebens entspricht die Übermacht fremder Menschen oder Mächte, die schädigen, quälen, foltern, vergiften und morden. Das wäre dann der *Verfolgungswahn*. Manchmal gelingt die Rettung aus der Bedrohung durch Überkompensation vom *Krankheitswahn* in den *Heilswahn*: Bestimmte Fähigkeiten ermöglichen nicht nur die eigene Rettung, sondern auch die der bedrohten Welt. Daran könnte sich ein *Weltverbesserungs*- oder *Welterneuerungswahn* anschließen. Das kann sich auf der religiösen oder politischen Ebene abspielen, manchmal auch auf beiden. Zum Ende dieses Jahrtausends werden wir ohnehin vermehrt mit solchen Phänomenen konfrontiert sein – wahnhaft, grenzwertig krankhaft oder auch als Verirrung bei Menschen, die zwar nicht psychisch krank, aber seelisch instabil sind.

Reagieren alle Schizophrenen so?

Nein, im Gegenteil. Früher mag dies häufiger gewesen sein, heute erreicht dies nur noch selten solche Dimensionen. Die meisten schizophren Erkrankten versuchen sich in ihrer kleinen, »ver-rückten« Welt irgendwie zurechtzufinden. Und sie schaffen sich Abwehrmechanismen, die der ahnungslosen Umgebung lediglich als »schrullig« oder »spinnig« anmuten. Woher soll man auch wissen, daß sich die Betroffenen ihrer krankhaften Lebensbedrohung, die unsichtbar von »innen« kommt, nur dadurch entziehen können, daß sie ein bestimmtes Abwehrverhalten aufbauen. So werden beispielsweise diese oder jene Bedingungen erfüllt, auch wenn sie noch so sinnlos erscheinen. Niemand ahnt ja, welche *zwanghaften* Abmachungen, Verträge, Verpflichtungen, abnorm anmutenden Worte, Sätze, Haltungen und Bewegungen der Kranke mit seiner Ich-Störung bzw. den dahinterstehenden Mächten treffen muß, um überleben zu können. Er macht es nicht freiwillig. Er ist ein armer Mensch, gefangen, gequält – und dabei noch unverstanden, lächerlich gemacht oder als »geisteskranker Spinner« abgestempelt.

Und was versteht man unter Störungen der Ich-Aktivität einer Schizophrenie?

Leben heißt ja nicht nur vegetieren, sondern auch Eigen-Aktivität, vor allem sein Erleben, Denken und Handeln selber bestimmen können. Viele schizophren Erkrankte aber haben den Eindruck, nicht mehr Herr ihrer selbst zu sein, geschweige denn ihrer Aktivitäten. Das heißt, sie fühlen sich gestört, gelenkt, lahmgelegt, gefesselt, mechanisiert oder kraftlos gemacht.

Bei leichteren *Störungen der Ich-Aktivität* sind lediglich das Sprechen und die Bewegungsabläufe gehemmt, gebremst, zäh und stockend. Alles ist erschwert und läßt sich nur mit Verzögerung in Bewegung bringen und kommt oft nicht zu Ende. Nach außen erscheinen die Betroffenen dadurch in Mimik und Gestik verlangsamt, eckig, ungraziös, vielleicht sogar bizarr. In schweren Fällen geht die Gewißheit verloren, sich überhaupt noch als aktiv Erlebender zu empfinden, selber noch wahrzunehmen, zu fühlen, zu erfahren und sich bewegen zu können. Im Extremfall ist der Patient seelisch, geistig und körperlich wie blockiert und spricht überhaupt nichts mehr. Das nennt man dann einen *Stupor*[22] mit *Mutismus*. Mit seinem Körper nicht mehr vertraut sein zu dürfen, keine selbstverständliche Beziehung mehr zu ihm zu haben, sich vermehrt kontrollieren oder überwachen zu müssen und sich trotzdem verändert oder fremd vorkommen – das ist schrecklich.

[22] siehe Seite 111

Wenn also eigene Bewegungsaktivitäten nicht mehr möglich sind, versucht man es vielleicht durch Überkompensieren: Wenn beispielsweise die Gliedmaßen nicht mehr verfügbar oder funktionsfähig sind bzw. sich nicht mehr nach dem eigenen Willen bewegen lassen, dann muß man ggf. ständig die Faust schließen und öffnen, hin- und herlaufen oder tippeln, um sich und anderen zu beweisen, daß man sich doch noch bewegen kann. So etwas nennt man dann ein stereotypes *Bewegungsmuster*.[23] Oder man ahmt einfach alles nach, was man sieht und hört, z.B. die Bewegung anderer. Das ist eine *Echopraxie*. Oder man verbleibt starr in einer vorgegebenen Bewegung, und sei sie noch so unbequem, wie eine Gliederpuppe. Das wäre dann die sogenannte *Flexibilitas cerea*, die wächserne Biegsamkeit.

[23] siehe Seite 104

Oder es kommt zu dem bereits erwähnten *katatonen Stupor*, der inneren und äußeren Erstarrung, manchmal durchbrochen von seinem Gegenteil, dem *katatonen Erregungszustand*. Bisweilen auch nur zu *katatonen Bewegungsstörungen* wie ständige Wiederholungen von Mimik und Bewegung, was dann als *Grimassieren* und *Bewegungsstereotypien* bezeichnet wird. Wenn solche Symptome überwiegen, spricht man auch von einer *Katatonie* oder *katatonen Schizophrenie*.

Beziehen sich die schizophrenen Aktivitätsstörungen nur auf die Bewegung oder auch auf Denken, Fühlen usw.?

Auf beides, und das ist besonders schlimm. Es ist schon eine Pein, sich nicht mehr so bewegen zu können wie Gesunde. Bei Störungen des Denkens und Redens wird es noch qualvoller: In leichteren Fällen bleibt es lediglich bei uncharakteristischen Merk- und Konzentrationsstörungen bis hin zur Zerstreutheit. In schwereren Fällen kann jedoch der Betroffene nicht mehr richtig denken: Seine Gedanken stocken oder brechen willkürlich ab oder erscheinen gesperrt. Das nennt man dann *Gedankenabreißen* bzw. *Gedankensperrung*. Auf jeden Fall geht der rote Faden verloren. Alles ist entweder unendlich zähflüssig oder unkontrolliert sprunghaft. Bei letzterem können die verrücktesten Dinge miteinander verknüpft werden. Schließlich fällt das Denken bis zur völligen *Denkverwirrtheit* auseinander. Wenn das dann in Worte gefaßt werden soll oder muß, bleibt notgedrungen nur noch ein verworrenes Gerede übrig.

Auch das *Sprechen* wird dadurch geprägt: Es kann abgehackt, sprunghaft, wechselvoll oder starr sein, was Lautstärke, Stimm-Melodie, Tempo und Wortproduktion anbelangt. Oder es irritieren sinnlose Silben- oder Wortwiederholungen, manchmal nur als Ausdruck der Ratlosigkeit und des verzweifelten Suchens nach dem verlorenen Gedankengang. Wenn gar nichts mehr hilft, kann wenigstens das echoartige Nachsprechen, die *Echolalie*, etwas Restaktivität retten.

Aus diesem ängstigenden Beschwerdebild heraus lassen sich – zumindest theoretisch – einige weitere Symptome erklären: Wer beispielsweise nicht mehr denken kann, versucht sich vielleicht durch ein besonders starres, aber damit hilfreiches Leit- und Kontrollsystem aktiv zu halten. So etwas äußert sich dann in *Denkschablonen* und ständigem *Kontrollzwang*. Oder in einem *geschraubten Sprachstil* bzw. formelhaften und immer wieder gleichen, also stereotypen Äußerungen.

Oder es bildet sich auf der wahnhaften Ebene eine regelrechte Symptom-Kette, wobei das eine Krankheitszeichen das andere nach sich zieht. Wenn also die eigene Ich-Aktivität verlorengegangen oder zumindest herabgesetzt ist, so liegt doch die Vermutung nahe, daß es fremde Mächte sind, die einen so steuern, manipulieren oder gar überwältigen wollen. Die eigene Ohnmacht entspricht dann der Übermacht der anderen. Das kann in einen *Fremdbeeinflussungswahn* münden. So werden dann Denken, Fühlen, Wahrnehmen, Bewegungen, Sprechen usw. nicht mehr von einem selber, sondern als von anderen gesteuert empfunden. Bei dieser unheimlichen Entwicklung bietet sich vor allem eine Interpretation an: *die Verfolgung*. Das Ergebnis ist ein *Verfolgungswahn*. Aber auch ein *Besessenheitswahn* ist denkbar: von Fremden, bösen Mächten, früher vom Teufel, heute eher von kriminellen Institutionen besessen, gelenkt, gesteuert zu sein. Auf diese Weise lassen sich dann manche *fremdaggressiven Durchbrüche mit Gewalttaten* erklären, die im Grunde nur Ausdruck panischer Verzweiflung sind.

Denkbar wäre es aber auch, daß sich der Verlust der Ich-Aktivität mit entsprechenden Ohnmachtserlebnissen ins Gegenteil verkehrt: von der Ohnmacht zur Allmacht. Das wären dann magische, telepathische, heilende, schließlich göttliche Befähigungen.

Störungen der Ich-Vitalität und -Aktivität lassen sich noch als Laie halbwegs nachempfinden. Unter einer Störung der Ich-Konsistenz hingegen kann man sich aber nichts vorstellen. Was heißt Ich-Konsistenz?

Störungen der Ich-Konsistenz entsprechen am ehesten dem, was man in der Allgemeinheit unter »Spaltungsirresein« versteht. Von fester Konsistenz sein, das heißt, von solider Beschaffenheit sein – körperlich wie seelisch. Ich-Konsistenz ist die selbstverständliche Gewißheit, ein zusammengehöriges Ganzes zu sein. Das ist für den Gesunden so selbstverständlich, daß er praktisch nie darüber nachdenkt. Wie aber geht es dem schizophren Erkrankten? Der fühlt sich vielleicht zerrissen, zersplittert, gespalten, zerfallen, zerstückelt, halbiert, durchlöchert, als zähflüssige Masse, die zerrinnt, als jemand, dessen Gehirn durchsiebt ist, der Gefühle und Gedanken nicht mehr zusammenhalten kann, dem man die Seele weggenommen, verteilt oder in alle Winde zerstreut hat – oder wie die zahllosen Klagen lauten. Das versteht man unter Störungen der Ich-Konsistenz.

In leichteren Fällen zieht sich der dadurch völlig Verunsicherte vielleicht nur zurück und isoliert sich damit. Manchmal kommt es wohl auch zu einem krankhaft aktiven, ja manischen[24] Überspielen dieser inneren Bedrohung. Wenn das Ich aber völlig zerrissen ist, können Gemüt, Gefühl, Stimmung, Gedanken und andere Erlebnisinhalte nicht mehr zusammenstimmen. Jetzt drohen widersprüchliche, paradoxe Gemütsregungen. Das kann auch zu absurden widersprüchlichen Reaktionen führen, beim gleichen Menschen, im gleichen Körperbereich: Wenn der Betroffene über seine Qualen lacht. Oder wenn ein Teil des Gesichtes lacht, z.B. der Mundbereich, der andere aber grimmig oder traurig wirkt, bespielsweise die obere Gesichtshälfte.

[24] *Manie*: krankhafte Hochstimmung, Gegenteil der Depression.

Kommen hier die bizarren, unfaßbaren Vorstellungen vor, wie sie aus der Schilderung Schizophrener bekannt sind?

Ja, obgleich die Extremzustände seltener geworden sind. Heute werden die Betroffenen doch meist rechtzeitig einer medikamentösen Behandlung zugeführt, die solche Qualen verhindern helfen, zumindest im weiteren Verlauf. Aber die *extremen Formen von Ich-Konsistenz-Störung* äußern sich in der Tat in unfaßbaren Klagen wie: Eingeweide verschoben, Skelett verbogen, Sexualorgane verstümmelt, Lunge aufgerissen, Herz ausfließend, Gliedmaßen grotesk verunstaltet – bis zur völligen Körperentstellung. Und zwar nicht so, wie man sich einen grausigen Unfall vorstellt, sondern viel tiefergehender: Zerfall des Körpers, Absterben eines Organs, Zerfressenwerden, Erweichungen, Vereiterungen, Entleerungen des Gehirns, also letztlich ein extremer hypochondrischer Wahn, vielleicht sogar ein Monsterwahn. Dann droht auch die Verselbständigung einzelner Organe. Oder das Gegenteil. Die willkürliche Zusammenfügung von Teilorganen zu einer neuen Identität. Solche Phänomene nennt man beispielsweise *Duplizitätswahn, Pluralitätswahn, multiplikatorischen Wahn* usw.

Auch kommt es vor, daß einige Organe von Fremdkörpern durchsetzt empfunden werden oder außerhalb des Leibes weiter existieren. Im Gefolge solcher Störungen sind natürlich noch andere krankhafte Phänomene denkbar: abstruse Leibgefühlsstörungen, die von fremden Kräften manipuliert sind, religiöse Wahnvorstellung von guten oder bösen Mächten, der Gebärwahn, der Zeugungswahn usw.

Ein solches Organ-Chaos führt notgedrungen zu entsprechenden Reaktionen. Das ginge jedem gleich. Vielleicht fördert aber diese Schilderung wenigstens Verständnis und Toleranz, wenn ein derart gequälter Mensch in seiner verzweifelten Lage die gesunde Umwelt schockiert, weil man sich diese »Verrücktheiten« nicht vorstellen kann. Woher auch.

Und was versteht man unter einer Störung der Ich-Demarkation?

In dem Begriff *Demarkation* ist das Wort Markierung enthalten, d.h.: Hier bin ich und dort bist Du. Grenzen haben etwas Abweisendes, aber auch Sicherndes. Das betrifft einen Menschen letztlich genauso wie ein Staatsgebilde. Sind die Grenzen durchlöchert oder schutzlos, sind auch die darin lebenden Menschen schutzlos ausgeliefert. Das gleiche finden wir bei den seelisch-körperlichen Grenzen.

Bei einer *Störung der Ich-Demarkation* ist der Betroffene plötzlich hilflos und wehrlos. Nicht nur, daß er bei sich selber nicht mehr zu Hause ist, er fühlt sich jedem äußeren Einfluß ausgeliefert und ggf. fremd-gesteuert oder manipuliert. Das äußert sich beispielsweise in Bemerkungen wie »Ich kann mich nicht mehr abschirmen, abgrenzen, weiß nicht, wo ich aufhöre, bin ungeschützt, kann nicht außen und innen unterscheiden, alles dringt in mich ein«. Oder: »Meine Gedanken verbreiten sich überall hin.« »Alle wissen plötzlich von meinen intimsten Wünschen.« »Meine Gedanken können regelrecht gelesen werden.« Natürlich dringen nicht nur eigene Empfindungen ungehemmt nach außen, es kommt auch bei diesen durchlöcherten Ich-Grenzen zu einem unkontrollierten Austausch hin und zurück, der das Chaos noch verstärkt: Fremde Gedanken, Impulse, Stimmungen und sogar Handlungsanweisungen werden eingegeben, was man dann einen *Fremdbeeinflussungswahn* nennt. Oder: »Was andere denken, überträgt sich auf mich.«

Ein solches Durcheinander von innen und außen – ähnlich wie in einem durch Bürgerkrieg chaotischen Land mit hin- und herflutenden Truppen- und Flüchtlingskolonnen – führt natürlich zu unfaßbaren Reaktionen des Betroffenen, die der ahnungslose Gesunde nicht im entferntesten zu deuten vermag. Ihm bleibt nur die Erkenntnis: »Der spinnt.« Und wie äußert sich das? Am harmlosesten sind noch Ratlosigkeit, Unsicherheit, Spannung und das Gefühl der Verlorenheit usw. Andere fallen auf durch maskenhafte Mimik, verstocktes Schweigen, Vermeiden des Blickkontaktes, durch manieriertes, also gekünsteltes Überspielen der eigenen Ängste, vielleicht durch aggressives Verhalten. Wieder andere wehren sich durch eine Verhaltens- und mimische Fassade, durch stereotype Bewegungen, durch das »Einschalten von Denk- und Sprechstörungen«. Vielleicht sogar durch zerfahrenes Denken, Privatsymbole, eine Privatsprache, die den anderen den Zugang verwehren sollen, bevor sie merken, wie hilflos, offen, schutzlos und damit verwundbar der Betroffene ist. Die meisten ziehen sich zurück, teils örtlich, auf jeden Fall aber innerlich. Das ist dann das vielfach beklagte »unnahbare«, vielleicht sogar »arrogante Verhalten«. Aber auch Rückzug und Isolation garantieren keine Sicherheit. Ewig und immer bleibt die ängstliche

Erwartung: Was wird von außen wieder ungehindert auf mich eindringen? Kein Wunder, auf einem solchen Boden kann auch der *Verfolgungswahn* gedeihen. Oder die Betroffenen versuchen – um bei dem Bild der schutzlosen Landesgrenzen zu bleiben –, wenigstens um ihr kleines Gehöft einen Zaun zu ziehen, sprich: Sie errichten eine *autistische Barriere*,[25] in der sie sich seelisch und körperlich abkapseln und niemanden mehr heranlassen. Isolation und autistische Selbstbezogenheit gehören jedenfalls zu den häufigsten Reaktionen nach Störungen der Ich-Demarkation.

[25] *Autismus:* siehe Seite 83

Was bedeutet Störung der Ich-Identität?

Wir sagten es schon: Nichts fällt dem Gesunden leichter zu sagen als: »Ich bin ich«. Jeder ist sich seiner eigenen Identität gewiß. Nichts bringt ihn in Zweifel. Er ist da, vorhanden, der lebende Beweis. Nicht so beim schizophren Erkrankten: Sein Bewußtsein von der eigenen Identität ist gestört, er leidet also unter einer *Störung der Ich-Identität*. Er muß sich immer wieder fragen: »Bin ich noch

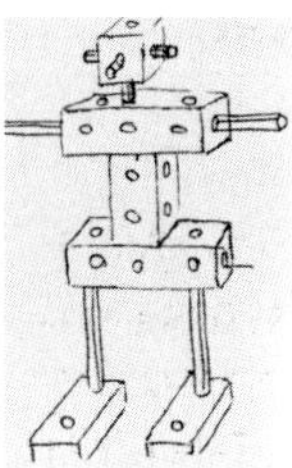

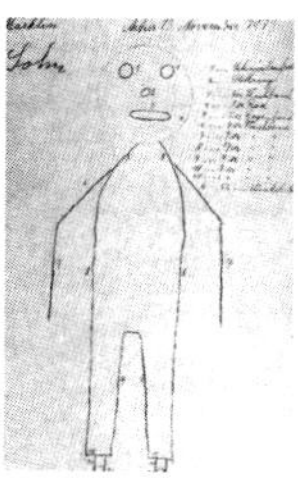

ich selber?« Oder: »Ich bin nicht mehr ich selber, bin nicht ich, darf nicht sein, der ich bin.« Oder noch konkreter: »Ich habe – oder habe ich eine andere Nase, andere Augen, einen fremden Mund, andere Ohren, Haare?« »Habe ich mich gewandelt, bin Mann und Frau zugleich, bin ich rechts ein anderer wie links?«

Diese – für den Gesunden natürlich unfaßbare und damit absonderliche – Ich-Identitätsunsicherheit führt nicht selten dazu, daß sich die schizophren Erkrankten immer wieder vergewissern müssen, ob noch alles stimmt, an seinem Platz und wie früher ist: das eigene Gesicht, die Hände, die Füße, der Rumpf.

In ihrer Verzweiflung versuchen sich die Betroffenen oftmals durch reine Oberflächlichkeiten Mut zuzusprechen. Dazu gehören die stereotypen Wiederholungen und Selbst-Versicherungen oder gar Beschwörungen: »Ich bin, der ich bin« oder »ich bin ich« oder »ich bin ein Mensch«, »bin Gerhard, Gerhard, Gerhard«. Oder sie grimassieren im Spiegel, um das eigene Gesicht zu sehen, zu spüren und seine Funktionen kontrollieren zu können. Oder es

drängt sich der Wahn als scheinbare Lösung auf. Die bisherige Identität ist verloren und muß durch eine neue ersetzt werden. Neue Rollen und Selbstwertgefühle bringen beispielsweise der Vaterschaftswahn, Mutterschaftswahn, der überhöhte Abstammungswahn, als Messias, Prophet, Angehöriger einer Herrscherfamilie, Sohn eines großen Künstlers und selber begnadet usw. Sehr selten sind inzwischen die Verwandlungen in ein Tier geworden, noch seltener, daß der Betroffene aus der Menschenwelt austreten muß. Dann kann es sein, daß er sich für den Bösen, den Teufel, zumindest als vom Teufel besessen hält.
So etwas kann dann einerseits in einen seelisch-körperlichen Erregungszustand mit entsprechend aggressiven Ausfällen münden, andererseits in Ratlosigkeit und Angst erstarren lassen, womit dann wieder der erwähnte katatone Erregungszustand oder Stupor gegeben wäre.

Eine abschließende Frage zu diesen schizophrenen Ich-Erlebnisstörungen: Sind hier nur negative Folgen zu erwarten oder kann das auch einmal etwas Positives hervorbringen?

Im allgemeinen kommt für die Betroffenen wenig Positives heraus. Für die staunende Umgebung mag es bisweilen spektakulär zugehen. Denken wir nur an die Möglichkeit einer intensivierten *Sensibilität*, gleichsam eines »verfeinerten Gespürs«. Tatsächlich haben manche schizophren Erkrankte ein sonderbar geschärftes Empfinden für alles »Atmosphärische«, was »in der Luft liegt«. Das ist an sich nichts Ungewöhnliches, das haben sich nicht nur die frei lebenden Tiere und die meisten Haustiere bewahrt, das gibt es auch bei sogenannten »Sensitiven«, also Menschen mit dem erwähnten verfeinerten Gespür. Auch manche Schizophrene können ihre Umgebung verwundern durch Phänomene wie Gedankenlesen, telepathische und hellseherische Fähigkeiten, eine prophetische Zukunftsschau, parapsychologische Gaben, magische Einwirkungen auf Menschen, Dinge, Tiere usw. Das heißt allerdings nicht – und darauf soll hier ausdrücklich hingewiesen werden –, daß jeder mit einer solchen Fähigkeit schizophren ist oder umgekehrt: jeder Schizophrene solche Fähigkeiten haben muß. Es zeigt nur die Möglichkeiten solcher Ich-Grenzen-Störungen, die einerseits erstaunen, andererseits beunruhigen. Auch deutet es den Preis an, den nicht nur schizophren Erkrankte zahlen, sondern in abgeschwächter Form auch manche Gesunde mit diesen Gaben, denen solche Fähigkeiten nicht nur reine Freude bereiten müssen, woran Bewunderer und Kritiker nur selten denken.

Manche Patienten mit solchen Ich-Störungen versuchen wenigstens theoretisch dieses »innere Chaos« dadurch zu überwinden, daß sie es überhöhen, also die bereits mehrfach erwähnte »Überkompensation«. Das wären beispielsweise ein prophetischer, messianischer oder kosmischer Auftrag, ein Führungswahn. Ein solcher Wahn – z.B. als Heilswahn oder Weltverbesserungswahn – führt vielleicht auch wieder aus der drohenden Isolierung heraus und hinein in eine Gemeinschaft faszinierter oder gläubiger Mitmenschen. Dadurch lassen sich zwar die durchlöcherten Ich-Grenzen auch nicht schließen, doch bietet diese kompensatorische Überhöhung auf einer anderen Ebene etwas mehr Schutz. Auch in der Zweierbeziehung kann dies eine Rolle spielen, beispielsweise im schizophrenen Liebeswahn durch die Verschmelzung mit dem Wahnpartner, und zwar nicht nur leiblich, sondern auch ekstatisch-illusionär.

Gesamthaft gesehen halten sich aber die Vorteile in Grenzen. Was überwiegt, ist das Belastende, vor allem weil die Umgebung nicht in der Lage ist, zu durchschauen, was hinter den abstrusen Handlungen steht. Woher sollte sie auch.

Diese vielen Belastungen, teils durch die Schizophrenie selber, teils durch die Folgen im Alltag, müssen doch niedergeschlagen und resigniert machen. Man hört aber wenig über eine Schwermut bei der Schizophrenie. Stimmt das?

Beides stimmt – und hat seinen speziellen Grund: Zum einen gehören *depressive Zustände* fast regelhaft zu einer schizophrenen Psychose. Man spricht von zwei Dritteln, wahrscheinlich aber mehr als drei Vierteln aller schizophren Erkrankten. Männer und Frauen sind annähernd gleich häufig betroffen, wenn vielleicht auch mit unterschiedlichem Schwerpunkt je nach Verlauf. Warum hört man also so wenig von depressiven Schizophrenen?

Im Vorfeld einer Schizophrenie sind Depressionen häufig; die Betroffenen sind herabgestimmt, bedrückt, freudlos, lustlos, niedergeschlagen, resigniert, trostlos, unglücklich oder gar quälend schwermütig. Aber noch ahnt niemand, daß daraus eines Tages eine Schizophrenie werden wird. Ist das charakteristisch psychotische Beschwerdebild einer Schizophrenie aber ausgeprägter, dann überlagern die schizophrenen Symptome gleichsam die depressiven Krankheitszeichen – wenigstens aus der Sichtweise der ahnungslosen Außenstehenden. Und bei einem chronischen Verlauf kann die gemütsmäßige Ansprechbarkeit der Betroffenen schließlich so abgeflacht sein, daß sich die differenzierteren Symptome von Angst und Depression nicht mehr bemerkbar machen. Beim einen sind sie also gleichsam überdeckt, beim anderen verschüttet.

Es gibt aber auch den Zustand, bei dem sich schizophrene und depressive oder manische Symptome gleichzeitig oder kurz hintereinander in annähernd gleicher Intensität bemerkbar machen. Das nennt man dann eine *schizoaffektive Psychose*.[26]

[26] Eine *schizoaffektive Psychose* ist eine endogene, also biologisch begründbare Geisteskrankheit, die sich sowohl in einem depressiven als auch manischen (krankhaft hochgestimmtem) sowie schizophrenen Beschwerdebild äußert. Je nach Kombination spricht man dann von einem schizodepressiven oder schizomanischen Syndrom.

Wie äußern sich depressive Zustände im Vorfeld einer beginnenden Schizophrenie?

Depressive Zustände im Vorfeld einer Schizophrenie sind als Warnzeichen leider wenig nutzbar. Meist ähneln sie nämlich allgemeinen Befindensschwankungen und führen deshalb nur selten zum Arzt, schon gar nicht zum Nervenarzt. Dies vor allem beim erstmaligen Ausbruch einer Erkrankung. Manchmal findet sich aber auch ein mehr oder weniger charakteristischer Ablauf, der sich zumindest bei der gleichen Person immer wieder äußert: So ist die erste Zeit eher durch innere Unruhe, Reizbarkeit, Merk- und Konzentrationsstörungen belastet. Danach folgt ein mehr depressives Zustandsbild mit Freudlosigkeit, Interesselosigkeit, Energielosigkeit, rascher Erschöpfbarkeit, verminderter Aufmerksamkeit, Mutlosigkeit, schwernehmender Lebenseinstellung, leichter Irritierbarkeit, Hilflosigkeit, mit Minderwertigkeitsgefühlen, Unsicherheit, Empfindlichkeit, aber auch Unzufriedenheit und Reizbarkeit, vor allem Resignation und Hoffnungslosigkeit. Und erst in einer dritten Episode kommt es zur sogenannten psychotischen Desorganisation, das heißt, nun beginnt sich auch der Bezug zur Realität zu lockern. Jetzt ist die Krankheit erstmals als Schizophrenie erkennbar – sofern man daran denkt.

Findet sich ein solcher Verlauf auch beim drohenden Rückfall?

Depressive Zustände als Vorboten eines schizophrenen Rückfalls sind deutlich besser dokumentiert als zu Beginn, wo noch niemand weiß, was daraus werden soll. Man nimmt an, daß drei Viertel bis vier Fünftel aller schizophren Erkrankten damit zu kämpfen haben: zuerst in Form von Angst vor etwas unbestimmbar Drohendem sowie Störungen von Merkfähigkeit, Konzentration und Gedächtnis. Dann folgen depressive Verstimmungen, innere Unruhe, Anspannung, Schlafstörungen, Schuldgefühle, Mangel an Selbstvertrauen und schließlich sozialer Rückzug. Angst und Schwermut scheinen mit am meisten zuzusetzen.

Im Rahmen einer Schizophrenie wird nicht nur von Depressionen, sondern auch von anderen Gemütsstörungen, vor allem von Gefühlsverkehrung, Gemütsverödung usw. gesprochen. Was versteht man überhaupt unter Gefühl oder Gemüt?

Das *Gefühlsleben* ist eines der vielschichtigsten Phänomene des menschlichen Daseins. Deshalb wird es auch unterschiedlich erläutert, je nach Betrachtungsweise. Dies äußert sich schon in einer Reihe bedeutungsähnlicher Begriffe wie Gemüt, Stimmung, Emotionalität, Affektivität usw. Am besten beschreibt man es mit Zumutesein oder Gestimmtheit.

Dabei unterscheidet man *angenehme Zustandsgefühle* wie Wohlbehagen, Frische, Spannkraft, Freude, Beglücktheit, Zufriedenheit usw. Und *unangenehme Zustandsgefühle* wie allgemeines Unwohlsein, Erschöpfung, Schwäche, innere Unruhe, ferner Unbehagen, Verzagtheit, Kummer, Gram, Angst, Gereiztheit, Ärger, Zorn, Wut, Neid, Eifersucht, Mißgestimmtheit, Verzweiflung usw.

Welches sind die Gemütsstörungen, die den Schizophrenen treffen können?

Erst einmal alles, was auch den Gesunden trifft. Am günstigsten ist es also, wenn der schizophren Erkrankte seine Stimmungen und Gefühle, vor allem die negativen und belastenden, so ausdrücken kann, wie jeder andere auch. Denn wenn er von Traurigkeit, Bedrücktheit, Resignation und Hoffnungslosigkeit spricht, dann kann er auch am ehesten mit entsprechender Zuwendung rechnen. Das kennt jeder von sich selber, da kann man am besten mitempfinden, mitleiden und raten. Doch das ist leider nicht die Regel und wird vor allem im Laufe einer schizophrenen Psychose immer seltener. Nicht, daß der schizophren Erkrankte diese Gemütsreaktionen nicht hätte, sie werden nur durch die psychotischen Symptome überlagert, gleichsam zugedeckt.
Wenn man beispielsweise starke Schmerzen auszuhalten hat, dann spielt ein zusätzlicher Juckreiz keine Rolle mehr, mag er in

gesunden Tagen noch so unangenehm sein. Wenn einer schwerstens beeinträchtigende psychotische Symptome zu ertragen hat, dann gehen die normalen Gemütsschwankungen einfach unter. Dafür drängen sich dann andere Gemütsstörungen in den Vordergrund, mit der die Umgebung einfach nicht umzugehen weiß – und entsprechend ratlos, verunsichert oder verärgert reagiert und sich zurückzieht. Der Betroffene hat also in einer solchen Situation nicht nur die notwendige Zuwendung verloren, sondern vereinsamt – und der Teufelskreis beginnt.

Wie kann sich eine solche schizophrene Gemütsstörung äußern?

Besonders am Anfang, aber auch später immer wieder ist es das Gefühl der Ratlosigkeit, der Verlorenheit, des schutzlos *Ausgeliefertseins*. Man darf nie vergessen: Der schizophren Erkrankte kann sich gegen sein Leiden nicht wirkungsvoll wehren. Er ist seiner Psychose weitgehend wehrlos ausgeliefert – jedenfalls ohne konsequente antipsychotische Behandlung. Und seine Reaktionen sind entsprechend, wenngleich natürlich von Patient zu Patient verschieden: Die einen erstarren in Angst und Schwermut, die anderen stürzen sich in panische Fluchtversuche; wieder andere werden aggressiv – und treffen natürlich die falschen. Viele ziehen sich zurück, kapseln sich ab und wirken dadurch nur mißmutig, überempfindlich, arrogant, mißtrauisch, kalt oder gar feindselig. Schwierig ist es auch, mit jenen Kranken umzugehen, die in einen traumartigen Zustand der Versunkenheit gleichsam aus dem Alltagsbewußtsein heraustreten. Hier kann man nur ahnen, welche Gefühle von Niedergeschlagenheit und Verzweiflung, vielleicht aber auch von Überhöhung oder Ekstase vorliegen. Daß es widersprüchliche, vor allem schwer steuerbare Gefühle sein müssen, ist inzwischen nachvollziehbar. Oft wechseln Haß und Liebe, Glück und Verzweiflung, Furchtsamkeit und Selbstüberhöhung, Ohnmächtigkeit und Überheblichkeit ab – meist grund- und übergangslos.

So erscheint das Auftreten mancher schizophren Erkrankter wie aufgesetzt, geziert, gespielt bis theatralisch oder »hysterisch«. Andere wirken gleichgültig, gefühlsmäßig abgekapselt und abgestumpft, auf jeden Fall unerreichbar. Noch schwieriger wird es, wenn Erleben und Gemütsregung völlig auseinanderfallen, also wenn der Betroffene lachend erzählt, welche Qual er heute nacht durchmachen mußte. Das nennt man eine *Parathymie.*[27] Noch schockierender wird es, wenn der Patient von der einen Stimmung oder Gefühlsregung in die andere wechselt, und zwar unvorhersehbar, fast mechanisch. So etwas nennt man *Registerziehen*, so wie ein Organist auf seiner Orgel die verschiedenen Orgelstimmen durch das Herausziehen eines Registerhebels einsetzt und wieder löscht.

[27] siehe Seite 82

Kein Zweifel: Wer vermag mit solchen Menschen schon unvoreingenommen Kontakt zu pflegen, wenn er nicht aufgeklärt ist und weiß, was sich hier an Krankhaftem abspielt. Und welche Qual es für den Betroffenen bedeutet, selbst wenn er darunter nicht zu leiden scheint.

Die Angst des Schizophrenen

Zu den häufigsten Gemütsstörungen unserer Zeit gehört neben der Depression die Angst. Welche Rolle spielt die Angst im Rahmen einer Schizophrenie?

Die *psychotische Angst* gehört zu den zermürbendsten Angstzuständen überhaupt. Das beginnt schon im Vorfeld einer schizophrenen Psychose, wenn sie noch gar nicht als solche erkannt ist. Dort finden sich sehr oft unmotivierte Angstzustände, die natürlich ahnungsvoll sehr wohl begründet waren, wenn man später zurückschaut. Noch häufiger aber ist die Furcht vor etwas Unfaßbarem, Bedrohlichem, ggf. Grauenhaftem, was sich da anzukündigen scheint. Mitunter äußert sich die Angst schlichtweg darin, durchzudrehen, sich selbst nicht mehr unter Kontrolle zu haben, verrückt zu werden.

Später sind es insbesondere die Stimmen, die Tast-, Geruchs- und Geschmackshalluzinationen, die Wahrnehmungsstörungen usw., die nicht nur schockieren, sondern auf Dauer auch erschöpfen, ja innerlich aushöhlen. Daneben die aufreibende Mischung aus Angst und Schwermut, Verlorenheit, innerer Leere und Verzweiflung. Sie peinigen vor allem im Zusammenhang mit Grauen, Vernichtungsgefühl, Weltuntergangsstimmung usw. Insbesondere die Wahnstimmung[28] und die damit verbundene Ratlosigkeit, die alles so seltsam, rätselhaft, ungewohnt, fragwürdig und fremd macht, jeder noch so harmlosen Situation eine nicht nachvollziehbare, eigentümliche und beunruhigende Bedeutung gibt, machen Angst.

[28] siehe Seite 54

Ein entscheidender Angstauslöser ist auch das, was man früher den »Verlust der *natürlichen Selbstverständlichkeit*« nannte. Das will nichts anderes heißen, als daß man sich auf nichts mehr verlassen kann, was die anderen als normal, beständig und gesichert empfinden dürfen. Das ist natürlich eine gnadenlose und vor allem so tiefgehende Verunsicherung, daß praktisch alle Lebensbereiche dadurch ausgehöhlt werden.

Gefühlsverarmung – Gefühlsverkehrung

Ein belastendes Symptom, nicht zuletzt für die Angehörigen, ist auch die Gefühlsverarmung. Was versteht man darunter?

Die *Gefühlsverarmung* war früher häufiger und ausgeprägter, nicht zuletzt bei Langzeitpatienten in psychiatrischen Großkrankenhäusern oder Heimen. Damals wurde das auch viel direkter und härter umschrieben. Man sprach von Gemütsverödung, ja von »affektiver Verblödung«. Gemeint war damit das Erkalten der zwischenmenschlichen Beziehungen, das Erlöschen von Sympathiegefühlen, Mitleid, Freude, Nächstenliebe – und die daraus erwachsende gemütsmäßige Verflachung, Gefühlsleere oder Stumpfheit. Dieser emotionale Extremzustand findet sich natürlich noch immer bei chronisch kranken Schizophrenen, die auf keine Behandlungsform erfolgreich ansprechen. Was aber noch viel wichtiger ist, er äußert sich auch im Vorfeld, also zu Beginn einer schizophrenen Erkrankung, wenngleich in »verdünnter« und damit schwer durchschaubarer Form. Man nennt das heute eine *Störung der affektiven Reaktivität*. Das heißt, der Patient oder – was schlimmer ist – der noch nicht als krank Erkannte, ist gemütsmäßig plötzlich nicht mehr so ansprechbar wie früher und vor allem wie alle anderen, die gesund bleiben durften. Was die normale zwischenmenschliche Atmosphäre im gemütsmäßigen Sinne ausmacht, nämlich Vertrauen, Zuneigung, Liebe, aber auch Mitleid usw., läßt bei manchen schizophren Erkrankten nach, es versickert gleichsam wie das Wasser eines Flusses im plötzlich porösen Flußbett. Das Flußbett ist noch vorhanden, aber leer. Auch der mit einer chronischen schizophrenen Erkrankung geschlagene Mitmensch ist noch derselbe wie vorher – aber oft leer ...

Wie sind diese Symptome zu unterscheiden von der Art des Umgangs eines gesunden, aber z.B. sehr zurückhaltenden Menschen?

Gleichgültig, ob man den anderen mag oder nicht, sei er bekannt oder unbekannt, sei er sympathisch oder unsympathisch, ja, selbst wenn er einem gleichgültig ist: Auf jeden Fall bewegt sich etwas zwischen Gesunden. Man kann es nicht sehen, und wenn man nicht darauf achtet, dann spürt man es nicht einmal. Weil man durch die Masse seiner Umgebung bereits ein wenig abgestumpft ist, merkt man es eigentlich nur bei besonderer Sympathie oder Antipathie. Aber entscheidend ist das eine: Zwischen den Menschen, die sich begegnen, gibt es eine Art Fluidum, eine Kontaktsphäre, ein Gefühlsumfeld. Es schwingt etwas, gleichsam wie unsichtbare Schallwellen, die man auch nicht sieht, sondern nur hört. Und genau das kann bei einem schizophren Erkrankten verlorengegangen sein. Übrigens auch bei einem schwer depressiv Erkrankten. Die Betroffenen beschreiben es dann wie unter »einer Glasglocke«, von einer »unsichtbaren Glaswand getrennt« usw. Man sieht sich, aber man empfindet sich nicht mehr, es ist etwas dazwischengetreten oder besser: Die zwischenmenschliche Schwingungsfähigkeit ist erloschen.

Die Umgebung sieht das natürlich weniger differenziert. Was man befremdet bis empört registriert, ist vor allem ein wachsendes und schließlich völliges Desinteresse an Partner, Familie, Nachbarschaft, Freundeskreis, Beruf, Hobbies, an der eigenen Zukunft usw. Man spürt, daß etwas anders geworden ist, daß etwas fehlt, vielleicht spricht man sogar anklagend von »Fehlverhalten«, oder wie man das auch immer ausdrückt. Man merkt nicht, daß der Betroffene nicht anders kann, daß er gleichsam gefesselt ist, ohne sich dagegen wehren zu können. Dabei spüren die meisten Patienten ihre einsetzende und langsam folgenschwere Gefühlsverarmung, wenn nicht gar emotionale Abstumpfung durchaus mit Sorge, Ratlosigkeit, Angst, ja Panik. Wenn ihnen wenigstens die plastische Bildersprache gegeben wäre, die beispielsweise manche Dichter mit ähnlichem Schicksal vom »Verwelken«, »inneren Absterben«, »seelischen Erstarren« oder auch nur von der »inneren Leere« oder »gläsernen Seelenwand« sprechen ließ, die sich zwischen sie und diese Welt geschoben hat. Doch die meisten können sich nicht so treffend äußern, vielleicht sogar überhaupt nicht darüber reden. Sie sind »stumme Gefangene«, angekettet in einem Kerker, der ihnen das »natürliche Menschsein« genommen hat.

Die Gefühlsverarmung oder mangelhafte gemütsmäßige Schwingungsfähigkeit ist jedenfalls eine der deprimierendsten Symptome einer schizophrenen Psychose. Wenn jemand Stimmen hört oder von Wahnzuständen gepeinigt wird, dann ist das einigermaßen nachvollziehbar. Doch das innere Erkalten und äußere Dahinwelken der zwischenmenschlichen Beziehungen ist einerseits schwer verstehbar und hat andererseits verheerende Folgen, vor allem langfristig, weil sich die Umwelt schließlich resigniert abfindet oder ratlos bis verbittert zurückzieht. Was bleibt, ist ein Kranker, der von seiner Umgebung isoliert wird – und das in einer Zeit, in der er mehr Zuwendung bräuchte als je zuvor.

Was bedeutet Gefühlsverkehrung?

Die *Gefühlsverkehrung*, im Fachausdruck auch *Parathymie* genannt, ist eine inadäquate Gefühlsreaktion. Statt der »normalen«, zumindest aber erwarteten, kommt es zu einer unpassenden oder gar entgegengesetzten Gefühlsreaktion. Die Gefühlslage entspricht jedenfalls nicht dem, was der Patient ausdrückt. So lacht er bei traurigen Anlässen oder weint bei lustigen. Oder er amüsiert sich scheinbar köstlich über die grausigsten Ideen oder Quälereien, die ihm beispielsweise seine Psychose aufbürdet. Auch die Intensität der Gefühlsreaktionen entspricht nicht mehr dem Anlaß. Kleinigkeiten können maßlos aufregen, schwere, aggressive Attacken können völlig unbewegt begangen werden, ohne nachher die geringste Regung zu zeigen. Die »Gefühlswertskala« des schizophren Erkrankten läßt sich also nicht mehr einschätzen, voraussehen, ja nicht einmal erraten. Die beim Gesunden mögliche Schlußfolgerung vom eigenen Innenleben auf das des anderen versagt also bei manchen schizophren Erkrankten. Das ist es auch, was diese Patienten so schwer kalkulierbar, letztlich unheimlich macht, weshalb sie von der irritierten Umgebung schließlich ausgegrenzt werden. Wenn ich nicht mehr abzuschätzen vermag, mit was ich im zwischenmenschlichen Alltag zu rechnen habe, ja, wenn ich ständig mit Überraschungen konfrontiert werden kann, dann meide ich lieber diesen Kontakt. Dieses Symptom trägt also wesentlich zur Isolation der schizophren Erkrankten bei.

Autismus

Was versteht man unter Autismus, einem Symptom, das in letzter Zeit verstärkt ins Blickfeld rückte?

Autismus ist eine krankhafte Selbstbezogenheit, ein Rückzug aus dem Leben der Gemeinschaft, eine Abkehr von der Umwelt, eine Lösung aller zwischenmenschlichen Bindungen. Am Ende droht die Vereinsamung. Autisten gelten als schweigsam und still, wie unter einer Glasglocke. Die Außenwelt verliert ihren Aufforderungscharakter. Die Betroffenen leben in einer eigenen Gedanken- und Vorstellungswelt und sind in ihrer scheinbaren gefühlsmäßigen Leere völlig unbeeinflußbar. Das »Innenleben« überwiegt bzw. unterdrückt alle sonst üblichen Außenkontakte. Deshalb irritieren vor allem Kontaktstörungen, besser als Beziehungsstörungen zur Umwelt bezeichnet. Das Extrem ist die absolute autistische Abkapselung.

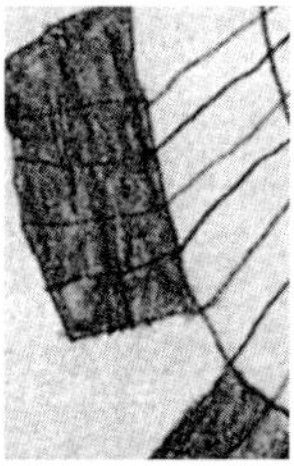

Autismus tritt nur bei Kindern und Jugendlichen auf?

Man muß zwischen Autismus während früher Kindheit und im Erwachsenenalter unterscheiden. Zwar sieht sich das Kind in den ersten Lebensjahren ohnehin als natürlichen Mittelpunkt seiner selbst. Doch wenn es nicht langsam lernt, beispielsweise die Wirkung seiner Person und seines Handelns auf die Umwelt im voraus zu beurteilen und entsprechende Kontakte zu knüpfen, gerät es in die Isolation. Dies wird beim Autisten noch dadurch verstärkt, daß er sich nicht adäquat zu äußern vermag. Tatsächlich finden sich beim *frühkindlichen Autismus* erhebliche Störungen der Sprachentwicklung. Dabei gewinnt man häufig den Eindruck, daß das Kind nicht unfähig ist, die Sprache zu erlernen, wie z.B. beim geistig Behinderten, sondern daß es keinerlei Interesse oder Bedarf an einer Sprachentwicklung hat, um mit den anderen in Verbindung zu treten. Dennoch hört man autistische Kinder immer wieder sprechen, nur eben mit einem eigentümlichen Sprachmuster, gleichsam in einer Art Privatsprache. Offenbar herrscht durchaus Freude am Sprachklang, wobei dann Worte und Silben immer wiederholt werden, die sogenannte Echolalie. Oder es werden neue Worte gebildet. Dazu kommen bizarre Reaktionen und unverständliche Verhaltensweisen. Ein Phänomen, das sich dann in den folgenden Jahren verstärkt, ist der Widerstand gegen jegliche Veränderungen, bis hin zu dem zwanghaften Bedürfnis, die Umwelt möglichst unverändert und »gleichgeschaltet« zu erhalten. Das bedeutet, daß der Betroffene ängstlich an einen Gegenstand oder festen Ablauf der Dinge gebunden ist und dann in Furcht oder Panik getrieben wird, wenn sich hier etwas zu verschieben droht. Auf jeden Fall ist die Fähigkeit zur Umstellung erschwert. Auch kann der Autist die Außenreize nicht nach Bedarf unterdrücken, sondern ist einer für ihn bedrohlichen Reizflut gleichsam hilflos ausgeliefert – und zwar ununterbrochen. Für den Autisten bleibt gewissermaßen alles

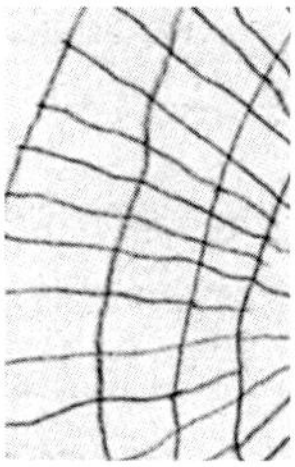

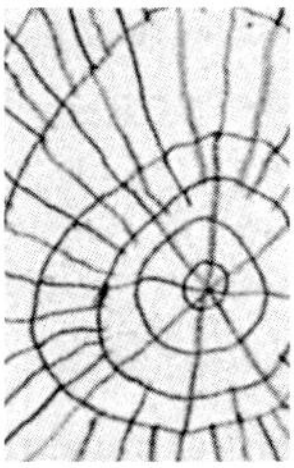

immer wieder neu. Kein Wunder, daß ein solcher »gnadenloser Informationsstrom« ihn rasch überfordert und verwirrt, kann er ihn doch nicht kanalisieren und damit überblickbar und ertragbar halten, wie es jeder Gesunde vermag.

Schließlich ist der Autismus geprägt von einem eigentümlich starren und engen Interesse. Das kann sowohl Gegenstände, als auch die geistige Sphäre betreffen. Hier fallen dann vor allem seine engen Beziehungen zu bestimmten Dingen auf, die für den Gesunden in der Regel keinerlei Aufforderungscharakter, zumindest keine ernsthafte Bedeutung haben. Eine ähnliche Einengung des Interesses, jedoch auf höherem Niveau, ist die bisweilen erstaunliche Fähigkeit mancher

Autisten zu abstraktem und logischem Denken. Da können sie dann – zum Erstaunen ihrer Umgebung – Ungewöhnliches leisten, ohne aber daraus Nutzen zu ziehen.

Der Autismus ist kein einheitliches Krankheitsbild, sondern kommt bei verschiedenen Störungen vor, in milder Form sogar als Charaktervariante bei sonst halbwegs Gesunden. Im übrigen sind es vor allem bestimmte neurotische Entwicklungen, Persönlichkeitsstörungen sowie die schizophrene Psychose, die zu Autismus neigen. Auch gibt es den sogenannten *»sekundären Autismus«*. Weil manche Patienten erfahren mußten, daß sich eine Zuwendung, sei es im Alltag, sei es während der Arbeit oder wo auch immer, bei ihnen nachteilig auswirkt, ziehen sie sich zurück. Oder sie suchen Ausmaß und Art der Kontakte und vor allem die für sie negativen Folgen streng zu kontrollieren, zumindest in engen Grenzen zu halten. Das wäre dann eine Art »strategisch verstehbarer Autismus«, eine mehr oder minder gewollte Weltabgewandtheit.

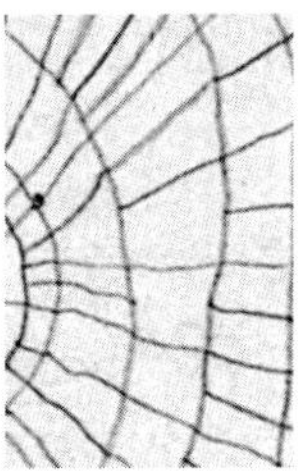

Die Depression spielt bei der Schizophrenie eine größere Rolle, als gemeinhin bekannt. Wie steht es mit ihrem Gegenstück: der Manie?

Die Depression ist eine Herabgestimmtheit, die *Manie* eine krankhafte Hochstimmung. Die Stimmung ist also gehoben, unbeschwert, übermütig, humorvoll, optimistisch, heiter, fröhlich, beschwingt, voller Wohlbehagen und strahlender Laune, ja witzig, schlagfertig und ggf. enthusiastisch.

Bei den schizophrenen Erkrankungen können sowohl rein depressive wie auch leichtere manische Episoden auftreten. Manchmal zeigen sich auch Änderungen des Beschwerdebildes im Verlauf der Krankheit: Die ersten Phasen zeigen ein mehr manisches Gepräge, manchmal manische und schizophrene Symptome zusammen. Später kommt es dann zu mehr eindeutigen schizophrenen Zuständen. Aber auch der gegenläufige Syndromwandel ist möglich: zuerst mehr schizophren, später auch oder überwiegend manisch. Sind beide Krankheitsbilder vergleichbar stark ausgeprägt oder innerhalb eines überschaubaren Rahmens hinterein-

[29] siehe Seite 75

andergeschaltet, dann spricht man von einer *schizoaffektiven Psychose.*[29] Sie kann sich in einem *schizodepressiven*[29] oder in einem *schizomanischen*[29] Beschwerdebild äußern, also der Kombination aus schizophrenen und depressiven bzw. schizophrenen und manischen Symptomen.

Wie kann man zwischen einer manischen Psychose, also einer reinen Hochstimmung, und einer manisch angetriebenen schizophrenen Psychose unterscheiden?

Es gibt eine vor allem praktisch verwertbare Unterscheidungsmöglichkeit, die besagt: Reißt das Krankheitsbild gefühlsmäßig mit, wirkt also der Patient dynamisch, witzig, interessant und »sympathisch trotz allem«, handelt es sich wohl um eine Manie. Wirkt er dagegen irgendwie befremdlich, absonderlich, vielleicht sogar unheimlich, muß man eher eine manisch angetriebene Schizophrenie annehmen. Kurz: Steckt die Heiterkeit an, sieht es mehr nach Manie aus. Ist das nicht der Fall oder gar das Gegenteil, liegt wahrscheinlich eine Schizophrenie vor, auch wenn die Überaktivität erst einmal an eine Manie denken läßt.

Diese Gefühlsstörungen pflegen ja in das Leben eines Menschen viel folgenschwerer einzugreifen, als so manches spektakuläre Schizophrenie-Symptom. Wie entwickelt sich dies im weiteren Verlauf des Lebens?

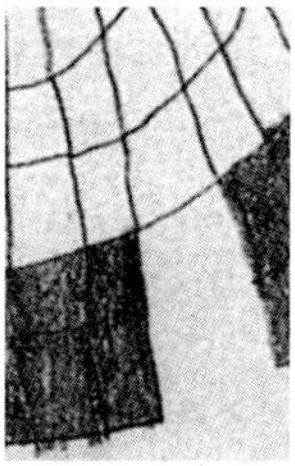

Die meisten dieser Gemütsstörungen werden in ausgeprägter Intensität heute nur noch selten beobachtet. In der Mehrzahl der Fälle sind es nur noch diskrete Veränderungen von Gefühlsleben und Kontaktfähigkeit. Leider sind sie dann auch schwerer als krankhafte Beeinträchtigungen zu erkennen und werden deshalb noch häufiger als »Fehlverhalten« behandelt. Es hat sich also nur bedingt etwas gebessert. Dafür ist eine dauerhafte und definitive Zerstörung aller gemütsmäßigen Reaktionsmöglichkeiten selten geworden. Entsprechende Langzeit-Untersuchungen haben gezeigt, daß selbst chronische schizophrene Psychosen mit einem sogenannten *typischen schizophrenen Defektsyndrom* noch nach Jahrzehnten wieder besser werden können. Man nennt dies auch den zweiten, diesmal positiven Knick in der Lebenslinie, der vor allem im 2. und 3. Jahrzehnt nach Eintritt der Krankheit zu erwarten ist. Tatsächlich zeigen viele dieser Patienten wieder mehr Aktivität, emotionale Zuwendung und Gefühlswärme, mehr Interesse und eine bessere soziale Anpassung. Auch die schweren Gefühlsstörungen sind also – mit Ausnahme der Depression – nicht nur zahlenmäßig seltener geworden, sondern können nach einiger Zeit der konsequenten Behandlung wieder zurückgehen.

Schizophrenie und geistige Einbußen

Führt Schizophrenie zur Geistesschwäche, wie das die Psychiatrie vor 100 Jahren glaubte?

Störungen der Intelligenz im Sinne einer Geistesschwäche gehören nicht zum Beschwerdebild einer Schizophrenie. Sicherlich gibt es sogenannte *schizophrene Defektzustände*, also schwer abgebaut wirkende Patienten im Rahmen einer chronischen schizophrenen Psychose. Dort sind aber ebenfalls nicht die Intelligenz, sondern die Persönlichkeit verändert, also vor allem das Gemüts-, Antriebs- und Kontaktverhalten. Auch sei nicht verschwiegen, daß es bei manchen Langzeitpatienten zu sogenannten *kognitiven Einbußen* kommen kann. Dasselbe ist übrigens auch im akuten Zustand oder während überschaubarer schizophrener Episoden nicht auszuschließen. Dabei handelt es sich meist um Merk- und Konzentrationsstörungen, vor allem um ein verlangsamtes, umständliches, gebundenes, mühsames, einfallsarmes Denken, das fast zwanghaft um nur wenige Themen kreist, von denen sich der Betroffene nur schwer lösen kann. Es ist also nicht nur eine Ideenarmut, sondern auch ein zähflüssiges Haftenbleiben. Manche Patienten klagen auch über extreme Vergeßlichkeit bis »Leere im Kopf«, was besonders für geistig Interessierte peinigend und damit sogar suizidgefährlich werden kann. Auch die Aufmerksamkeitsspanne wird immer kürzer und die Entscheidungsfähigkeit läßt nach. Die Patienten werden unschlüssig, wankelmütig, zwiespältig, sind hin- und hergerissen, entschlußunfähig, wollen alles bis zum Ende durchdenken, wirken dann ängstlich abwiegend, ja ziellos und verstricken sich in fruchtlose Diskussionsansätze, die die Entscheidungsunfähigkeit verdecken sollen. Dazu kommt bei vielen noch eine unselige Grübelneigung mit immer gleichen Denkinhalten bei erschwertem Gedankenwechsel, manchmal aber auch Sprunghaftigkeit, nicht am Problem bleiben, nichts zu Ende denken können, also Gedankenkreisen und Grübelsucht, wie bei einer schweren Depression. Verstärkt wird das ganze durch die schon erwähnte rasche körperliche und seelisch-geistige Erschöpfbarkeit mit entsprechenden Einbußen an Spannkraft, Energie, Ausdauer und Geduld. Dazu kommt ein generell beeinträchtigtes Allgemeinbefinden, was schon für sich allein den geklagten Leistungseinbruch erklären könnte.

Das alles hat aber mit einer *Demenz*, also einer erworbenen Geistesschwäche im eigentlichen Sinne nichts zu tun. Diese Störungen können sich – wie bei der Depression auch – nach Auslaufen des schizophrenen Beschwerdebildes wieder zurückbilden. Schwieriger wird es natürlich bei den erwähnten chronischen Patienten, aber dort handelt es sich auch um eine Kombination verschiedener Einbußen.

Bewußtseins- und Orientierungsstörungen

Manche Schizophrene wirken gelegentlich wie weggetreten, bewegungs- und reaktionslos und sprechen nicht. Ist das eine Bewußtseinsstörung?

Bewußtsein und *Orientierung* sind beim schizophren Erkrankten intakt, auch wenn es manchmal nicht so aussieht. So droht – wenngleich deutlich seltener als früher – gelegentlich ein *Stupor*,[30] eine seelisch-körperliche Erstarrung. Dabei ist der Kranke jedoch bei klarem Bewußtsein, auch wenn er auf keine äußeren Reize reagiert. Nach Abklingen dieses Stupors kann er übrigens nachträglich schildern, was er während dieser seelisch-körperlichen Blockierung alles erlebt hat – und das ist oft nicht wenig. Das könnte man nach einer Bewußtseinstrübung nicht. Manchmal kommt es zu sogenannten *schizophrenen Dämmerzuständen*, in denen der Patient traumhaft-verhangen wirkt, doch das ist ebenfalls keine eigentliche Bewußtseinsstörung. Bisweilen wirken einige schizophren Erkrankte zwar unzureichend oder überhaupt nicht orientiert, was Ort, Zeit oder gar sie selber anbelangt. Doch auch das ist keine Orientierungsstörung, son-

[30] siehe Seite 111

dern mangelndes Interesse für das, was sich in der Umwelt abspielt. Aber selbst der Begriff »mangelndes Interesse« ist letztlich nicht richtig. Interessiert wäre der Kranke schon, aber er ist völlig absorbiert von dem, was ihm sein Leiden aufzwingt. Das zu verarbeiten verschlingt alle Kräfte, da bleibt nichts mehr übrig für Aktivitäten nach außen. In einer sogenannten *»psychotischen Doppelorientierung«* lebt der Patient sogar in zwei Welten, der wirklichen und der psychotischen. Das ist dann eher noch eine größere Leistung, als wenn man nur eine einzige reale Wirklichkeit zu bewältigen hat.

Also noch einmal: Bewußtsein und Orientierung sind beim schizophren Erkrankten intakt, auch wenn es manchmal nicht so aussieht.

Störungen des Denkens

Wenn ein Schizophrener unverständlich daherredet, dann muß er ja auch entsprechend unverständlich denken. Was gibt es da für charakteristische Störungen?

Das sind *Störungen des Denkens* oder *einfacher Denkstörungen*. Sie wurden früher eingeteilt in inhaltliche und formale Denkstörungen.

Was sind inhaltliche Denkstörungen?

Inhaltliche Denkstörungen sind – wie der Name sagt – Störungen des Inhalts, also *was* krankhaft gedacht wird. Dazu zählt vor allem der Wahn, über den wir schon gesprochen haben.[31]

[31] siehe Seite 52

Was sind formale Denkstörungen?

Formale Denkstörungen sind Störungen der Form, also *wie* etwas krankhaft gedacht wird. Formale Denkstörungen lassen sich vor allem aufgrund des Sprachverhaltens erkennen und beschreiben. Dazu zählen Gedankenabbrechen, auch als Gedankensperrung bezeichnet, ferner Denkzerfahrenheit und – auch außerhalb der Schizophrenie auftretend – Denkhemmung, Ideenflucht, Um-

[32] *Manie*: krankhafte Hochstimmung, Gegenteil der Depression.

ständlichkeit usw. Es ist also nicht alles nur auf Schizophrenie verdächtig. Auch depressive und manische[32] Zustände zeigen manche formale Denkstörungen. Und leichtere Grade kommen auch unter dem Einfluß von bestimmten Medikamenten und Rauschdrogen vor, ferner im Alkoholrausch sowie bei Psychosen aufgrund äußerer Einwirkungen. Ja, sogar unter Koffein in höherer Dosierung oder einfach in extrem aufregenden Situationen.

Was versteht man unter Gedankenabreißen?

Gedankenabreißen oder Gedankenabbrechen, Gedankensperre, Denksperre, Denkblockierung ist ein plötzlicher Abbruch des Gedankengangs trotz klarem Bewußtsein. Meist bricht damit auch das Sprechen ab, woran man es zuerst erkennt. Der Betroffene stockt mitten im Gespräch und schweigt. Nach dieser unfreiwilligen »Denklücke« kann er die alten, aber auch neue Themen oder Gedanken wieder aufnehmen und weiterführen. Die Patienten selber empfinden das vor allem als »Gedankenabbrechen«. In der Regel bleibt es im vertretbaren Rahmen, das heißt, man nimmt es lediglich als »Fadenverlieren« wahr. Manchmal kann eine solche Gedankenblockierung aber sehr peinlich sein oder gar zu einem Zustand führen, der wie eine *Absence*[33] aussieht, d.h. der Patient wirkt kurzfristig wie weggetreten.

[33] *Absence*: plötzlich beginnende und nach Sekunden bis Minuten wieder endende Bewußtseinsstörung, meist mit nachträglichem Erinnerungsverlust.

Was versteht man in diesem Zusammenhang unter Gedankenentzug?

Ein *Gedankenentzug* oder eine *Gedankenenteignung* wird empfunden, wenn dieses Gedankenabreißen als von außen gemacht erlebt wird. Das gehört dann zu den diagnostisch entscheidenden Symptomen einer schizophrenen Psychose.

Es gibt aber auch das Gegenteil, nämlich Gedankeneingebung. Was ist das?

Die *Gedankeneingebung* gehört zu den Denkstörungen, die mit den Ich-Erlebnisstörungen[34] zusammenhängen. Das ist ein recht kompliziertes, aber auch charakteristisches und für den Patienten sehr quälendes Phänomen. Beim Gedankenentzug werden die

[34] siehe Seite 61

Gedanken – wie erwähnt – entzogen, weggenommen, enteignet. Bei der *Gedankeneingebung* hingegen werden die Gedanken von anderen eingegeben, aufgedrängt, gemacht. Hier drohen dann noch weitere schockierende Beeinträchtigungen: Bei der *Gedankenlenkung* werden die Gedanken von anderen gelenkt oder gesteuert. Bei der *Gedankenausbreitung*, auch als *Gedankenecho* oder *Gedankenhören* bezeichnet, hört der Patient laute Stimmen, die er als seine eigenen Gedanken erkennt. Meist sind sie innerlich, seltener von außen. Oder er ist der wahnhaften Überzeugung, daß seine Gedanken so laut werden, daß sie von anderen mitgehört werden können. Das ist schon eine ausgesprochen unangenehme, ja peinliche Situation, wenn einem seine eigenen Gedanken nicht mehr alleine gehören, weil andere sie in irgendeiner Form mitbekommen, erkennen oder lesen können.

Was bedeutet Denkzerfahrenheit?

Die *Denkzerfahrenheit* ist eine typische schizophrene Denkstörung. *Zerfahrenes Denken* ist der Verlust des logischen Zusammenhangs von Denkinhalten. Was heißt das? Denken und damit das Sprechen besitzen bei der Denkzerfahrenheit keinen logischen oder gemütsmäßig verständlichen Zusammenhang mehr. Die Gedanken stehen beziehungslos nebeneinander. Oder sie erscheinen zerrissen, bis in einzelne, scheinbar zufällig zusammengewürfelte Gedankenbruchstücke. So etwas nennt man dann *dissoziiertes Denken* oder *Denkdissoziation*. In leichter Ausprägung kommt es dadurch lediglich zu sprunghaftem Denken. Bei schwerer Denkzerfahrenheit ergibt das Aneinanderreihen von Worten oder Wortteilen keinen Sinn mehr. So etwas bezeichnete man früher als »Wortsalat«, bis hin zum vollständigen Sprachzerfall.

In diesem Zusammenhang hört man auch immer wieder von Symptomen wie Begriffsverschiebung, Begriffszerfall, Danebenreden, Symboldenken, Privatsymbolik usw. Was versteht man darunter?

Bei der *Begriffsverschiebung* und dem *Begriffszerfall* verlieren die Begriffe ihre scharfe Abgrenzung und ihren festen Bedeutungsgehalt und werden, wie im Traum, völlig unklar, diffus, nebelhaft, verworren. Oder es können ganz unterschiedliche Sachverhalte miteinander verschmelzen und ineinander übergehen. Daraus ergeben sich dann im Denken eigenartige Widersprüche. Auf jeden Fall wird das ganze »unbestimmt« und »verschwommen«. Im Rahmen der Denkzerfahrenheit antwortet der Kranke manchmal auch auf bestimmte Fragen unsinnig, nicht nachvollziehbar, bis hin zum sogenanntem *Danebenreden* oder *Vorbeireden*. Oder es kommt zum *Symboldenken*, einer Art *Privatsymbolik*. Dabei werden die Worte nicht mehr im geläufigen Sinne, sondern in einer privaten, nur für den Betreffenden nachvollziehbaren Deutung eingesetzt.

Das ist sicher nicht nur selten, das hat wohl auch kaum praktische Bedeutung im Alltag?

Keine Bedeutung hat es höchstens deshalb, weil man es nicht richtig erkennt. Dazu ein praktisches Beispiel: Was immer wieder verwundert, vielleicht sogar auf ahnungslose Betrachter einen großen Eindruck macht, ist der sogenannte »*Scheintiefsinn*«, den manche Schizophrene entwickeln können – früher häufiger als heute. Nehmen wir den eben erwähnten *Begriffszerfall*, also den Verlust der scharfen Abgrenzung und des festen Bedeutungsgehaltes der Begriffe. Das führt – wie wir gehört haben – zu einem verschwommenen, unbestimmten und »verblasenen« Denken, wie sich die alten Psychiater ausdrückten. Im alltäglichen Sprachgebrauch mag das rasch zu erkennen sein. Schwierig wird es aber im abstrakten Bereich, beispielsweise in der Philosophie, der Metaphysik usw. Hier kommen die meisten von uns ja ohnehin nicht mit, wenn die Gelehrten oder die sich gelehrt Gebenden diskutieren. Mit einem solchart aufgesetzten Gelehrtengehabe kann sich ein Schizophrener in ahnungslosen Laienkreisen zumindest eine

Weile halten, selbst mit den unsinnigsten Ideen und Argumenten. Besonders symbolhaft verbrämte Gedanken können so wie tiefgründige Weisheiten erscheinen. So etwas nennt man dann einen »Scheintiefsinn« – sofern man es als solchen erkennt.

Ein letztes Wort zu den Denkstörungen. Man soll sie beispielsweise durch das Nacherzählen bzw. Deuten von Fabeln und Sprichwörtern erkennen. Stimmt das?

Das hat mit der *Unfähigkeit zu tun, Sinnzusammenhänge zu erfassen*, besonders wenn es mehrgliedrige Denkvorgänge erfordert. Manchmal kann man das schon im alltäglichen Gespräch erkennen, manchmal erst bei bestimmten Denkaufgaben. Heute bedient man sich der testpsychologischen Untersuchung, früher hat man einfach eine Fabel oder ein sinnbildliches Sprichwort nacherzählen, erklären oder wenigstens deuten lassen. Dabei zeigen sich dann bei nicht wenigen schizophren Erkrankten überraschende Schwächen bzw. Fehlleistungen. Das trifft übrigens auch durchaus intelligente Patienten oder solche, die ihren schizophrenen Schub überwunden haben. Dabei gelingt es manchen Kranken einfach nicht mehr, einer längeren Gedankenreihe zu folgen und dabei den alles verbindenden Leitgedanken im Auge zu behalten. Sie können mitunter auch einen Sachverhalt nicht gleichzeitig wörtlich wie sinnbildlich erfassen. Es fehlt ihnen an der nötigen Spannweite des Denkens. Der schizophren Erkrankte kann gleichsam nur noch kurze »Denkschritte« machen. Meist bleiben die Betroffenen an Einzelheiten hängen, die keine Bedeutung haben, jedenfalls nicht im entscheidenden Gesamtzusammenhang. Dieser Verlust der höheren Denkleistung bedeutet aber noch keine Demenz im Sinne einer erworbenen Geistesschwäche.

Diese Unfähigkeit, ein Sprichwort oder eine Fabel zu erklären, ist ohne nähere Erläuterung schwer faßbar. Bitte ein kurzes Beispiel.

Es gibt da in einem alten Psychiatrie-Lehrbuch ein wunderbares Beispiel zum Sprichwort: »Der Apfel fällt nicht weit vom Stamm«. Was heißt das? Jeder kennt den übertragenen Sinn. Doch man kann auch von manchem Schizophrenen folgendes hören: »Der Apfel kann gar nicht weit fallen, weil die Äste nicht so weit hinausreichen. Manche Äpfel rollen dann noch ein wenig weiter, besonders wenn der Boden abschüssig ist.« Und was bedeutet das Sprichwort im übertragenen Sinne? »Daß man Äpfel essen soll. Das ist gut für die Gesundheit. Eßt mehr Früchte und ihr bleibt gesund.«

Das ist jetzt für manchen vielleicht ein zu einfältiges Beispiel. Aber der Grundtenor stimmt, wenngleich in der Mehrzahl der Fälle vielleicht auf höherer Ebene angesiedelt.

Sie kommen immer wieder auf den Satz zurück: Das gab es früher öfter. Was hat es damit auf sich? Gab es früher mehr Symptome und ausgeprägtere Beschwerdebilder?

Das ist ein Phänomen, das man den *Gestaltwandel in der Psychiatrie* nennt, und zwar sowohl allgemein, als auch und vor allem bei der Schizophrenie. Die Symptomatik, das Beschwerdebild, änderte sich nämlich tatsächlich im Verlauf der Jahrzehnte. Das hängt von verschiedenen Faktoren ab: teils schwer faßbar, teils zeit- und gesellschaftsbedingt, zu einem Großteil auch auf den heutigen therapeutischen Möglichkeiten beruhend. Zum einen ist man natürlich glücklich darüber, daß speziell bei der Schizophrenie die wirkungsvollen Neuroleptika schon im Vorfeld die meisten Krankheitszeichen mildern oder gar unterdrücken – eine Heilung im eigentlichen Sinne ist ja leider nicht möglich. Zum anderen büßt dadurch natürlich das früher breite und eindrucksvolle Spektrum potentieller Symptome immer mehr an Vielfalt ein. Das ist zwar in gewisser Hinsicht eine Erleichterung für den Betroffenen, erschwert aber gelegentlich die notwendige rasche Diagnose und damit Therapie. Man kann nur wiederholen: Vieles, was ein Assistenzarzt vor einem halben Jahrhundert in einem psychiatrischen Krankenhaus noch täglich zu Gesicht bekam, ist heute fast nur noch in Lehrbüchern nachzulesen – in Lehrbüchern der älteren Generation vor allem.

Ausdrucksweise, Wortneubildungen, Schrift, Kunst des Schizophrenen

Heißt das, daß man heute die verschrobene Ausdrucksweise, die komischen Wortneubildungen, die eigenwillige Schrift usw. nur noch selten zu Gesicht bekommt?

Sicher, das war früher häufiger. Man findet es heute kaum noch, am ehesten noch bei Langzeitpatienten. Tatsächlich gab es die *verschrobene Ausdrucksweise* vor der Ära der antipsychotisch wirkenden Neuroleptika recht häufig. Das waren – wie die alten Psychiater in ihren Lehrbüchern schilderten – vor allem ungewohnte, gesuchte, gelegentlich abstrakte Wendungen mit einem unnatürlichen, verstiegenen, gezierten und geschraubten Redestil. Dazu kamen verwickelte, gespreizte oder hochtrabende Formulierungen bei selbst einfachen Sachverhalten. Eine solche verschrobene Ausdrucksweise wurde früher als »Stelzensprache« bezeichnet. Heute gibt es das bestenfalls noch andeutungsweise.

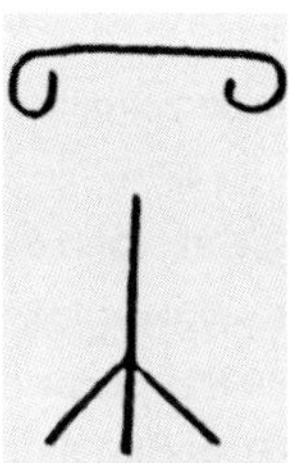

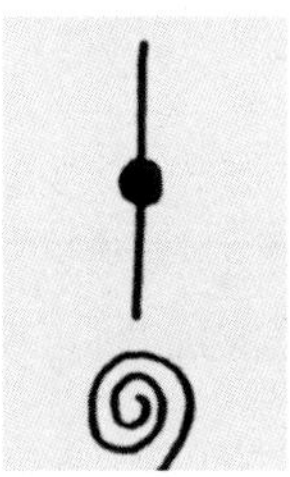

Auch *Wortneubildungen*, sogenannte *Neologismen*, waren häufiger. Sie sind teils sinnlos, teils der Versuch, das unfaßbar Neue des krankhaften Erlebens wenigstens durch entsprechende, wenngleich noch nie dagewesene Wendungen auszudrücken. Früher konnten solche Wortneubildungen sogar den normalen Wortschatz völlig verdrängen, bis hin zur unverständlichen Geheim- oder Privatsprache. Damit sonderte sich der Patient natürlich langsam ab und geriet in die Isolation. Extremzustände solcher Wortneubildungen bis zur Privatsprache nennt man deshalb *Glossolalie*, also »Zungenreden«. Da stimmte dann kein Wort mehr mit dem herkömmlichen Wortschatz überein. Das hörte sich an wie Kindergeplapper. Heute ist auch das kaum mehr anzutreffen, vielleicht noch am ehesten in manchen verstiegenen Formulierungen. Etwas öfter hört man ggf. noch die sogenannte *Verbigeration*, eine *sprachliche Stereotypie*. Dabei kommt es zu einförmigen Wiederholungen von bestimmten und meist sinnlos aneinandergereihten Worten und Sätzen.

Macht sich das auch im Schreibstil bemerkbar ?

Natürlich: Auch der *Schreibstil* konnte früher häufiger zu schwülstigen, ja »bombastischen« Sinnbildern und tönenden Phrasen ausufern. Selbst in der Anordnung der Schriftstücke bot sich gelegentlich Ungewohntes oder Überraschendes. Das begann bei ungewöhnlich geformten oder stilisierten Buchstaben und ging über die Interpunktion bis zu Eigenwilligkeiten in der Rechtschreibung. Auch fielen so manche symbolhafte Zeichen auf, bis hin zur sogenannten Bilderschrift. Oder eine ungewöhnliche Anordnung des Textes, z.B. in Spiralform, durch versetzte Schriftblöcke usw. Das gleiche gilt für seltsame, bizarre, skurrile Verschnörkelungen der Schrift. Allerdings waren das – und das sei immer wieder betont –, auch früher auffällige Einzelfälle, nicht die Regel. Was in Erinnerung bleibt, sind halt die Besonderheiten.

Und die Kunstwerke der Schizophrenen?

Das gilt auch für die *Kunstwerke* der schizophren Erkrankten, vor allem Zeichnungen, Malereien und Bildnereien. Früher, bevor man die abstrakte Kunst akzeptiert hat, wurden diese oft bizarren Bilder, die mit Symbolen überfrachtet sind, natürlich nur unter dem Blickwinkel des Krankhaften gesehen. Das war nicht falsch, nur eben die halbe Wahrheit. Schließlich legt auch ein gesunder Künstler in sein Bild allerlei Eigenes, was ihn und vielleicht nur ihn beschäftigt. Glücklicherweise gab es immer wieder Psychiater, aber auch BeschäftigungstherapeutInnen, Schwestern und Pfleger, die ein Gespür für beides hatten, nämlich künstlerische Leistung und Symbolik des Krankhaften. In Einzelfällen werden diese Bilder auch gesammelt, ja, es gab sogar erfolgreiche Künstlerkreise in bestimmten Kliniken, von denen es zumindest einige Mitglieder zu erstaunlicher Bekanntheit brachten. Das erlaubt uns heute auf eindrucksvolle Sammlungen zurückzugreifen, die regelmäßig ausgestellt und in Bildbänden zusammengefaßt werden. Neuerdings gibt es sogar eine Moderichtung, die vor allem die Kunstwerke von seelisch kranken Künstlern vermarktet. Viel wichtiger aber ist der Umstand, daß in den heutigen Fachkliniken in der Ergotherapie systematisch zur künstlerischen Gestaltung angeregt und angeleitet wird, ein ganz wichtiger Therapiezweig, der den Patienten viel mehr bedeutet als der Laie erahnen kann.

Was versteht man unter Störungen von Antrieb und Psychomotorik?

Der *Antrieb* ist – allgemein ausgedrückt – die Grundaktivität eines Menschen. Störungen des Antriebs sind oft mit Störungen des Gefühlslebens verbunden. Man unterteilt in Antriebsminderung und Antriebssteigerung.

Wie äußert sich eine Antriebsminderung?

Antriebsminderung, auch Antriebsarmut, Antriebsmangel oder Antriebshemmung genannt, heißt soviel wie inaktiv, lahm, schwunglos, teilnahmslos, initiativelos, energielos, aber auch einsilbig, einfallsarm, unaufmerksam, nur mühsam anregbar, dazu verlangsamtes Bewegungsmuster usw. Und – gleichsam auf höherer Ebene – Willensschwäche bzw. Willenlosigkeit, also eine krankhafte Schwäche, Entscheidungen zu treffen oder Entschlüsse zu fassen. Dazu kommt ein für den Gesunden unverständliches Desinteresse an persönlichen Fragen, an der eigenen Zukunft, also keinerlei Aktivität bezüglich der eigenen Probleme, keine Kontinuität, keine Ausdauer, wenn einmal etwas angefangen wurde, alles wie ausgebremst von einem verschwommenen, ziellosen, unkonzentrierten Denken. Man nennt so etwas in Fachkreisen eine Minderung des körperlichen und vor allem gesamtseelischen Energieniveaus. Das ist zwar ein kompliziert klingender Begriff, charakterisiert aber dieses Elend ganz gut. Man muß auch wissen, daß solche Antriebsstörungen nicht nur bei Schizophrenen, sondern auch bei Hirnerkrankungen, ja sogar bei Depressionen, neurotischen und Persönlichkeitsstörungen vorkommen. Bei den Schizophrenien gewinnt allerdings die Antriebsminderung im Rahmen der sogenannten *Minus-Symptomatik* eine immer größere Bedeutung. Davon später mehr.

Was heißt Antriebssteigerung?

Die *Antriebssteigerung* ist nun das Gegenteil: verstärkte Aktivität und Initiative, lebhafter als sonst, beweglicher, regsamer, rascheres Sprechen, mit Schwung und Dynamik sowie Einfallsreichtum, überbordender Unternehmungslust, vermehrter Ansprechbarkeit generell und vor allem erhöhte Entscheidungsfreude. Aber eben auch verstärkte Unruhe, Spannung, ja Fahrigkeit, leichtere Erregbarkeit, bis hin zur Reizbarkeit und damit ggf. Neigung zu aggressiven Durchbrüchen.

Welches sind die Extremzustände einer Antriebsstörung, wie sie beispielsweise bei der Schizophrenie zu erwarten sind?

Die *Extremzustände einer Antriebsstörung* sind auf der einen Seite der *Stupor*, also die seelisch-körperliche Blockierung bis hin zur »Versteinerung« bzw. der sogenannte *Raptus*, der Erregungszustand im Sinne der früheren »Tobsucht«.

Solche Extremzustände werden in der Allgemeinheit gerne als typisch für eine Schizophrenie angesehen. Nun spricht man ja von einem Symptomwandel in letzter Zeit. Betrifft das auch die Antriebsstörungen?

In der Allgemeinheit stellt man sich einen schizophren Erkrankten am ehesten mit bizarren Bewegungen, eigenartiger Körperhaltung, verschrobenen Gewohnheiten, stereotypen Reden, ja mit Schreianfällen, Heulen, Schimpfen, Schlagen, kurz: der erwähnten Tobsucht vor. So etwas ist auch heute nicht auszuschließen. Wir werden noch darauf zu sprechen kommen. Aber das ist inzwischen eher selten geworden, auch wenn gerade solche spektakulären Ereignisse am stärksten im Gedächtnis haften bleiben. Viel häufiger belastet inzwischen das, was man in der Fachsprache als *Minus-Symptomatik* oder *Negativ-Symptomatik* bezeichnet. Hierzu zählen vor allem jene Krankheitszeichen, die schon im Vorfeld einer beginnenden Schizophrenie die Umgebung und den Patienten selber irritierten.[35] Das gleiche gilt für den beginnenden Rückfall.[36] Bei der *Minus-Symptomatik* auf dem Höhepunkt einer schizophrenen Erkrankung sind solche Symptome allerdings noch um vieles ausgeprägter und können dann das gesamte Erscheinungsbild beherrschen.

[35] siehe Seite 32

[36] siehe Seite 35

Was gehört zur Minus- oder Negativ-Symptomatik einer Schizophrenie?

Zur *Minus-* oder *Negativ-Symptomatik* einer schizophrenen Psychose zählen beispielsweise Genußunfähigkeit, Lustlosigkeit, Freudlosigkeit, Schwunglosigkeit, Gleichgültigkeit bis hin zu einer »Wurstigkeit«, die die gesamte Umgebung zuerst maßlos aufregt und dann in die Resignation treibt. Dazu kommt ein Mangel an mitmenschlicher Aktivität und Anteilnahme, ja, eine Gefühlsverarmung oder gar Gefühlsverflachung. Zermürbend ist auch eine vermehrte Erschöpfbarkeit bis hin zur Kraftlosigkeit und einem damit verbundenen erhöhten Schlafbedürfnis, das aber nur selten erquickt oder aktiviert. Überhaupt ist alles überschattet

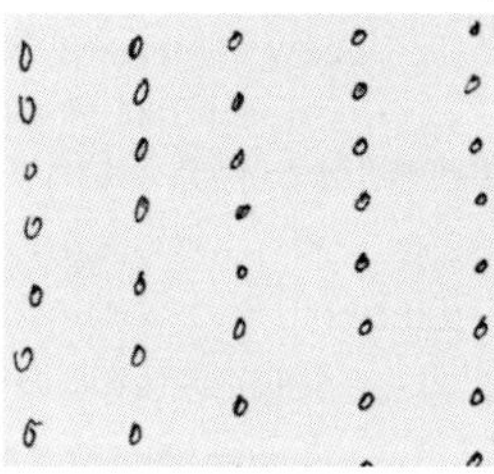

von einer entmutigenden Minderung an Spannkraft, Energie und Ausdauer, einem fortdauernden Nachlassen von Antrieb, Aktivität, Elan und Initiative. Dafür greifen Unschlüssigkeit und mangelnde seelische und körperliche Belastungsfähigkeit gegenüber alltäglichen Streßfaktoren um sich. Am meisten aber irritiert die erkaltende gemütsmäßige Schwingungsfähigkeit zwischen dem Patienten und den anderen, vor allem den Angehörigen, die sich dadurch verunsichert, vernachlässigt, mißachtet, unverstanden, ungeliebt, emotional abgeschnitten, auf Distanz gehalten oder gar aus dem Leben des Betreffenden hinausgedrängt, vertrieben und vergessen sehen. Die Folgen kann man sich ausmalen. Leiden tun alle, aber der eigentliche Verlierer ist der Patient selber – und der kann nichts dagegen tun. Für den Betroffenen besonders herb ist nicht nur die Unfähigkeit, diese Katastrophe abzuwenden, sondern auch der zunehmende Verlust von positiven Selbstwertgefühlen und Sympathieempfindungen. Außerdem neigt er manchmal zu erhöhter Beeindruckbarkeit durch »fremdes Leid«, ja sogar durch banale Ereignisse. Alles was passiert, geht ihm ungewöhnlich nahe, ob es ihn betrifft oder nicht. Rein äußerlich kommt dazu eine verlangsamte Sprache und Bewegung, die erwähnte Antriebsstörung und ein Mangel an Körperpflege und Hygiene. Das Ende ist charakterisiert durch Rückzugsneigung, Isolationsgefahr und innerseelische Abkapselung.

Nicht zu vergessen sind außerdem zahlreiche körperliche Störungen wie Schlaflosigkeit, manchmal von erhöhtem Schlafbedürfnis abgelöst, aber dann vor allem tagsüber, sowie Appetitlosigkeit, Verminderung von Libido und Potenz, mitunter aber auch eine befremdliche Hypersexualität sowie eine reduzierte Flüssigkeitsaufnahme mit allen gesundheitlichen Folgen. Einzelheiten später.[37]

[37] siehe Seite 107

Das alles muß aber doch zu zahlreichen Mißverständnissen und damit Auseinandersetzungen Anlaß geben, sei es in der Familie, im Freundeskreis, in der Schule, am Arbeitsplatz usw.?

Ein solches Beschwerdebild ist sowohl für den Betroffenen als auch für seine Angehörigen und alle anderen Beteiligten noch schwerer zu ertragen, als wenn Sinnestäuschungen oder groteske Wahnzustände schockieren. Die kann man nämlich eher als krankhaft und damit entschuldbar einstufen. Auch sind sie meist zeitlich begrenzt. Die erwähnten Negativ- oder Minussymptome hingegen täuschen bewußte Gleichgültigkeit, Faulheit, Arroganz, Boshaftigkeit, ja Aggressivität vor, also ein selbstverschuldetes Fehlverhalten – obwohl das gar nicht stimmt. Die Minus-Symptomatik zerstört das Umfeld des Patienten noch ausgeprägter und nachhaltiger als alle jene Symptome, die zwar als »Verrücktheiten« gelten, als solche aber eher nachvollziehbar und entschuldbar sind.

Wenn heutzutage oft die Minus-Symptomatik irritiert, heißt das, daß es jene Krankheitszeichen, die das Bild der Schizophrenie im Laienbewußtsein besonders prägten, überhaupt nicht mehr gibt? Wir denken dabei an abnorme Reaktionen oder Verschrobenheiten usw.

Natürlich gibt es noch eine ganze Reihe von Symptomen wie Mutismus, Negativismus, Katalepsie, Befehlsautomatie, Ambitendenz, Stereotypien jeglicher Art und vor allem Manieriertheit. Dazu das Grimassieren, die Paramimie und weitere bizarre Verhaltensmuster. Sie sind aber inzwischen selten geworden oder nur noch angedeutet erkennbar. Das hat auch mit der effektiven Behandlungsmöglichkeit durch die antipsychotisch wirkenden Neuroleptika zu tun.

Lassen Sie uns diese Symptome trotzdem kurz durchgehen. Was versteht man unter Mutismus?

Der *Mutismus* ist ein *Verstummen trotz intakter Sprachorgane*. Der Betroffene spricht nicht oder fast nichts mehr, meist verbunden mit dem schon erwähnten Stupor, also der geistig-seelischen Erstarrung. Der Mutismus ist allerdings kein spezifisches schizophrenes Symptom. Es gibt ihn auch bei Depressionen und sogar psychogen, d.h. rein seelisch, z.B. nach einem seelischen Schock.

Was heißt Katalepsie?

Unter einer *Katalepsie* versteht man ein sogenanntes *Haltungsverharren*. Dabei werden aktiv oder zufällig eingenommene, und zwar noch so unbequeme oder unnatürliche Stellungen eines Gliedes oder des ganzen Körpers über längere Zeit beibehalten, als ob der Kranke darin erstarrt wäre. Beispielsweise verharrt der Kopf beim liegenden Patienten in angehobener Haltung, eine extrem anstrengende Position, die man nur im Rahmen einer Katalepsie längere Zeit durchzuhalten vermag. So etwas nannte man früher ein »psychisches Kopfkissen«.
In diesen Zusammenhang gehört übrigens auch die sogenannte *Flexibilitas cerea*, also eine *wächserne Biegsamkeit*. Heute können das viele Gliederpuppen, früher war das eben nur beim Modellieren einer Wachspuppe zu sehen. Dieses krankhafte Bewegungsmuster mancher Schizophrener mutete eben wie eine wächserne Muskelspannung bei passiver Änderung von Körperhaltung oder Gliedmaßen an. Behält der Patient diese Haltung bei, handelt es sich um ein Haltungsverharren.

Was bedeutet Negativismus?

Der *Negativismus* ist ein krankhafter Zustand der Verneinung, des Widerstrebens oder der Sperrung gegen äußere Einwirkungen. Allerdings kann sich der Kranke auch gegen eigene Bedürfnisse und Bewegungsansätze gesperrt sehen. Es wird also nur unwillig oder überhaupt nicht getan, was man sollte oder müßte – bzw.

das Gegenteil davon. So werden die Augen zugekniffen oder die Zähne zusammengepreßt, wenn der Arzt die Pupillenweite prüfen oder in den Rachen schauen will. Dabei kann man noch unterscheiden in *»passiven«* oder *»aktiven« Negativismus*. Das eine ist ein Verweigern und das andere das »bewußte« Gegenteil des Verlangten. Das Gegenstück zum Negativismus ist die sogenannte *Befehlsautomatie*.

Was versteht man unter Automatismen und dabei vor allem Befehlsautomatie?

Automatismen sind das automatische Ausführen von Bewegungen oder Handlungen, die der Patient aber nicht als von ihm selbst gewollt empfindet. Dabei unterscheidet man die *Befehlsautomatie* sowie Echo-Erscheinungen. Bei der Befehlsautomatie handelt es sich um eine übermäßige Nachgiebigkeit gegen Anregungen von außen. Das können einerseits Befehle, aber auch zufällige Beobachtungen sein, die automatisch nachgeahmt werden. Meist handelt es sich um krankhafte Fremdbeeinflussungsgefühle, denen der Patient nachgeben, die er befolgen *muß*.
Bei den *Echo-Erscheinungen* basiert der Anreiz zu einer Handlung auf einem Beispiel, das der Kranke nachmacht. Dazu gehören die *Echolalie*, also das willenlose Nachreden vorgesagter oder zufällig wahrgenommener Wörter oder Sätze. Bei der *Echopraxie* werden Bewegungen generell nachgeahmt, bei der *Echographie* Schreibbewegungen. Die Automatismen laufen zwar automatisch, also nicht vom Betroffenen gewollt ab. Sie werden aber nicht als von anderen gelenkt empfunden.

Manche Schizophrene sollen sich zu keiner Entscheidung mehr durchringen können, sie sind zur Ambivalenz verurteilt. Wie äußert sich das?

Jeder kennt das von sich selber: Man ist ambivalent, d.h. unschlüssig, hin- und hergerissen. Diese *Ambivalenz* kann aber auch krankhafte Formen annehmen. Das wäre dann nicht nur das gleichzeitige Bestehen von Ja und Nein, Für und Wider, sondern auch das Nebeneinander von positiven und negativen Gefühlen, Stimmungen und Strebungen. Das bezeichnet man als Gefühlsambivalenz, also das Nebeneinander oder den raschen Wechsel von einander widerstrebenden Gefühlen gegenüber denselben Menschen, dem gleichen Gegenstand, den gleichen Vorstellungen und Erlebnisinhalten.

Tatsächlich fallen manche Schizophrene durch die Unfähigkeit auf, eindeutig Stellung zu nehmen, einen Entschluß zu fassen und ihn durchzusetzen. Das hat noch nichts mit dem erwähnten Negativismus zu tun, der Neigung, nur unwillig oder überhaupt nicht zu machen, was man soll oder muß – bzw. das Gegenteil davon. Bei der *Ambivalenz* der schizophren Erkrankten kann sich der Betroffene zu keiner Entscheidung durchringen, selbst wenn es sich um elementare Dinge handelt, die keinen Aufschub dulden. Ja, er läßt sogar bewußt alles unentschieden und in der Schwebe. Nach außen begründet er das vielleicht mit z.T. lächerlichen Argumenten wie: »Das muß man erst sorgfältig prüfen« oder »ich muß erst das oder jenes erledigen, bevor ich an dieses Problem herangehen kann«. Dazu kommt es aber nicht bzw. lange nicht – zur Verzweiflung von Partner, Angehörigen, Vorgesetzten usw. Am Schluß können sogar unvereinbare Dinge gleichwertig nebeneinander stehenbleiben – sich behindern, blockieren, aufheben, auf jeden Fall den Alltag erheblich beeinträchtigen. Selbst das Denken ist unschlüssig und hat im Extremfall seine logische Verbindlichkeit verloren. Alles bleibt ungewiß und wird damit von keiner tieferen Überzeugung mehr gelenkt. Diese Standpunktlosigkeit findet man vor allem bei gemüts- und antriebsgestörten schizophren Erkrankten.

Ein besonders qualvolles Symptom ist noch die sogenannte *intellektuelle Ambivalenz*. Sie äußert sich in dem zermürbenden Nebeneinander von Gedanken, Überlegungen und Sorgen, wie: »Ich bin ein Mensch, ich bin kein Mensch, ich bin ein Mensch, ich bin...«.

Und was versteht man unter Ambitendenz?

Die sogenannte *Ambitendenz* ist das Nebeneinander von Bestrebungen und Widerstrebungen. Das äußert sich beispielsweise in der Unterbrechung einer begonnenen Bewegung durch einen Gegenantrieb, d.h. die Hand oder der Fuß werden vorgestreckt und wieder zurückgezogen. Oder der Löffel wird eingetaucht und bleibt auf halbem Wege zum Munde stehen, der Patient ist blockiert.

Zu den eindrucksvollsten und damit einprägsamsten Symptomen einer Schizophrenie gehört das absonderliche, unverständliche Verhalten dieser Kranken. Was versteht man darunter?

Dazu zählen Stereotypien, Manieriertheiten, das Grimassieren, die Paramimie usw. Bevor wir allerdings darauf eingehen, sei noch einmal wiederholt: Vor allem diese verschroben anmutenden Verhaltensweisen sind inzwischen sehr selten geworden. Sie waren im übrigen auch früher nicht die Regel. Sie bleiben nur am ehesten im Gedächtnis haften, wenn man sie einmal gesehen, selbst wenn man nur einmal davon gehört hat. Das gehört zur Tragik der schizophrenen Psychose: Ihr Bild und damit Ansehen wird von Störungen dominiert, die noch nie zahlenmäßig von herausragender Bedeutung waren und immer mehr zur Seltenheit werden. Gleichwohl soll man natürlich darum wissen.

Was sind Stereotypien?

Stereotypien im krankhaften Sinne sind stereotype, d.h. immer wieder und im gleichen Ablauf auftretende Redensarten, Bewegungen und Körperhaltungen. Sie werden nicht durch äußere Reize veranlaßt und sind auch nicht Ausdruck innerseelischer Vorgänge, also Wünsche, Nöte, Reaktionen usw. Es ist eher eine Art Bewegungsleerlauf, die erwähnten Automatismen. Was zählt dazu?

Bei den *Bewegungsstereotypien* handelt es sich um rhythmische Schaukel- und Wippbewegungen des Körpers, um Wischen, Kratzen, Reiben, Kopfschütteln, Taktschlagen, Klatschen mit den Händen, Öffnen und Schließen von Knöpfen, um bestimmte Bewegungsschablonen beim Essen, um sinnloses Aufstehen und Hinsetzen usw. Das gleiche gilt für die schon erwähnten *Haltungsstereotypien*. Dazu gehören Schnauzkrampf, Schnutenbildung mit dauerhafter Vorstülpung des Mundes, das Liegen mit abgehobenem Kopf usw. Die *Sprachstereotypien*, in der Fachsprache auch als *Verbigerationen* bezeichnet, sind einförmige Wiederholungen von bestimmten, oft sinnlos aneinandergereihten Worten und Sätzen.

Was heißt manieriert, was sind Manieriertheiten?

Die *Manieriertheiten* sind sonderbare, verschrobene Ausdrucksweisen und Gewohnheiten, beispielsweise unnatürliche, bizarre, gezierte, gekünstelte, posenhafte, hochtrabende, wichtigtuerische Bewegungen, Zeremonien und symbolhaft-rituelle Handlungen. Beispielsweise auf- und abschreiten, gestikulieren, anklopfen, bücken, seitwärtsbeugen, hochstrecken usw. Das ganze kann natürlich durch Gegenstände jeglicher Art angereichert werden. Auch die Sprache kann manieriert sein, worauf wir schon beim Ausdrucksverhalten eingegangen sind.[38]

[38] siehe Seite 14

Was bedeutet Grimassieren im krankhaften Sinne?

Grimassenschneiden kann jeder, insbesondere Kinder. Das ist normal. Das krankhafte *Grimassieren* dagegen ist eine groteske Mimik bzw. Gesichtsverziehung ohne Ausdruckswert, ohne Beziehung zu entsprechenden Situationen, insbesondere ohne adäquaten innerseelischen Vorgang. Das mag beim Kind ähnlich sein, doch dort will man den Clown, den Kasper spielen und auf diese Weise auf sich aufmerksam machen. Später hat jede Grimasse eine Aussage: Mißbilligung, Verhöhnung, Lächerlichmachen, Langeweile, Zorn, Resignation usw. Doch beim krankhaften Grimassieren ist die Mimik *übertrieben und »leer« zugleich*. Es handelt sich um sogenannte Mimik-Schablonen, die vor allem zu Beginn einer Psychose auftreten können. Das Extrem ist das sog. *Faxen-Syndrom*, ein betont albernes, kindisches oder clownhaftes Herumalbern, besonders bei der Hebephrenie.[39]

[39] siehe Seite 16

Zum Thema Grimassieren paßt dann auch die Paramimie. Was versteht man darunter?

Bei der *Paramimie* fallen Gefühl und mimischer Ausdruck auseinander. Manchmal äußert sich dies sogar in einer unterschiedlichen Mimik für verschiedene Gesichtshälften. So kann das Obergesicht angst- oder schmerzverzerrt sein, die Mundpartie aber grinst. So etwas findet sich nicht selten bei der *Parathymie*,[40] bei der der Patient lachend über schreckliche Schmerzen oder grauenhafte Körpermißempfindungen klagt. D.h., die Gemütslage des Kranken stimmt weder von Inhalt noch Ausdruck mit dem jeweiligen Gefühlsleben überein.

[40] siehe Seite 82

Körperliche Beschwerden bei Schizophrenie

Gibt es außer den bereits geschilderten eigenartigen Leibgefühlsstörungen noch andere körperliche Beschwerden, aber auf rein organischer Grundlage?

Schon die erwähnten Leibgefühlsstörungen[41] nehmen eine Art Zwischenstellung ein. Darüber hinaus sind viele schizophren Erkrankte tatsächlich noch durch *rein körperliche Symptome* gequält: Fast jeder leidet beispielsweise unter einer sogenannten *vegetativen Dysregulation*. Was heißt das? Dazu zählen beispielsweise die oft geklagten Kopfschmerzen, am ehesten im Sinne eines dumpf-diffusen Kopfdrucks, ferner Herz- und Kreislauf- sowie Schlafstörungen. Auch Gewichtsschwankungen und Störungen der Monatsblutung gehören dazu. Fast schon charakteristisch sind auch Extremausschläge körperlicher Funktionen, und das häufig innerhalb kurzer Zeit: Anfälle von Herzrasen oder zu langsamer Herzschlag, zu schnelle oder verlangsamte Atmung, zu viel oder zu wenig Speichel-, Schweiß- und Talkdrüsensekretion, Harnflut oder zu wenig Wasserlassen, Appetitlosigkeit oder Heißhunger usw. Dazu vor allem Magen- und Darmstörungen wie Aufstoßen, Übelkeit, Brechreiz, Erbrechen, Verstopfung, Durchfall u.a. Auch neigen manche schizophren Erkrankte dazu, auffällig dick zu werden, fast pastös aufzuquellen, und zwar schon ohne die entsprechende Nebenwirkung der antipsychotischen Neuroleptika. Nicht zu vergessen Libido- und Potenz-

[41] siehe Seite 47

störungen. Ferner ein labiles Gefäßsystem, also z.B. dauernd kalte Hände und Füße, Ödeme, also Wasser im Gewebe, Störungen der Schlaf-Wach-Regulation und damit die erwähnten Schlafstörungen nachts, aber auch ungewöhnliche Tagesmüdigkeit, vor allem aber ein gestörtes zentrales Temperatur-Regulationszentrum mit ausgeprägter Wetterfühligkeit, ja Vorfühligkeit. Schließlich wird noch gelegentlich von weiten Pupillen und einer Neigung zu fettigem Salbengesicht berichtet, von einer Steigerung oder Herabsetzung des Durstgefühls, einer unvermittelten Abneigung gegen bestimmte Speisen oder Geschmacksrichtungen sowie einem plötzlich überbordenden Bewegungsbedürfnis, das aber auch rasch von einer unmotivierten Bewegungshemmung abgelöst werden kann. Nicht zu vergessen eine fast suchtähnliche Anfälligkeit für Nikotin und Alkohol, in neuerer Zeit auch vermehrt Rauschdrogen. Bei letzteren zeichnet sich eine besonders verheerende Entwicklung ab: So können ja schon Gesunde durch einen Horrortrip[42] oder eine Echopsychose[43] in eine Vergiftungspsychose gestürzt werden. Diese geht dann wenigstens wieder vorbei. Noch schlimmer ist es aber, wenn eine schizophrene Psychose im »Wartestand« durch diese Drogen ausgeklinkt wird. Vielleicht wäre es ohne diese Vergiftung nie dazu gekommen. Aber unter dem Genuß der sogenannten Halluzinogene wie LSD, Haschisch, aber auch durch Kokain sowie die neuen Designerdrogen brechen viele Menschen ein, die durch erbliche oder sonstige Belastung gleichsam schon auf dünnem Eis standen und durch die Droge schließlich psychotisch wurden – und gar nicht so selten dann auch bleiben.

[42] *Horror-Trip*: extreme seelisch-körperliche Ausnahmesituation (Intoxikationspsychose = »Vergiftungswahnsinn«) durch entsprechende Rauschdrogen.

[43] *Echopsychose*: auch Echo-Rausch, Spät-Rausch, Nachhall-Psychose oder flash back. Wie ein Horror-Trip (s.o.), obgleich in den letzten Tagen, Wochen und sogar Monaten nichts genommen wurde. Wahrscheinlich phasen-verschobene Drogenwirkung.

Die zuvor geschilderten Antriebs- und Bewegungsstörungen wirken auf die Umwelt eher befremdlich, lächerlich, im ungünstigsten Falle abstoßend. Es gibt aber auch Symptome in diesem Rahmen, die Angst und Schrecken verbreiten. Wir denken dabei an die schon erwähnten Erregungs- und Erstarrungszustände.

Diese spektakulärsten aller Antriebs- und Bewegungsstörungen gehörten schon früher zu den relativ seltenen Extremen, und zwar gesamthaft gesehen, nicht nur auf die schwersten Erkrankungsfälle in den damaligen Heil- und Pflegeanstalten bezogen. Sie sind heute kaum mehr zu sehen. Immerhin sind sie nicht völlig verschwunden. Deshalb sollte man im Akutfall wissen, um was es sich handelt, um vorbeugen, gezielt eingreifen und – im Falle der Angehörigen – sich wirkungsvoll schützen zu können.

Reden wir nicht drumherum: Gibt es noch den tobenden Geisteskranken?

Selbstverständlich, allerdings nicht nur bei der schizophrenen Psychose. Aggressive Durchbrüche drohen vor allem bei bestimmten Hirnerkrankungen, aber auch entsprechenden Persönlichkeitsstörungen und Vergiftungszuständen. Man denke nur an die – in Drogenkreisen sehr gefürchteten – Kokain-, Halluzinogen-[44] und Weckmittel-Suchtfolgen,[45] in neuerer Zeit auch an bestimmte Designerdrogen.[46] Im übrigen gibt es aggressive Durchbrüche bei seelisch Gesunden mit entsprechendem Charakter-Defizit und vor allem unter alkoholischer Enthemmung deutlich häufiger als bei seelisch Kranken. Das sollte man nie vergessen.

Wie sieht nun aber ein schizophrener Erregungszustand aus?

Ein *seelisch-körperlicher Erregungszustand* im Rahmen einer schizophrenen Psychose sieht auch heute noch so aus, wie die Schilderungen von früher nahelegen: unbändiger Rededrang, ja Schreien, Heulen, Schimpfen, Drohen. Ferner stürmische Bewegungsunruhe, Zerreißen der Kleidung und der Bettwäsche, wildes

[44] *Halluzinogene*: Halluzinationen (Sinnestäuschungen) auslösende Rauschdrogen wie LSD.

[45] *Weckmittel*: aktivierende Arzneimittel, heute nur noch selten im medizinischen Einsatz, dafür häufig als Aufputschmittel in der Drogenszene.

[46] *Designerdrogen*: synthetische, ihre Zusammensetzung ständig wechselnde Rauschdrogen, meist auf der Basis von aktivierenden Substanzen.

Um-sich-Schlagen, Zertrümmern aller erreichbaren Gegenstände, blindwütige Angriffe auf die Umgebung mit Anspucken, Kratzen, Beißen, Stoßen, Ausreißen der Haare usw. Gelegentlich kommt es auch zu Entblößungen, ggf. ungehemmte Onanie vor anderen, Stuhlgang und Urinieren mitten auf den Fußboden, Selbstbeschmutzung mit Stuhl und Urin, Beschmieren von Bett, Bettwäsche, Wänden, Fenstern u.a.m.

Und natürlich sind auch plötzliche Impulshandlungen nicht auszuschließen: unverständliche, scheinbar motivlose Gewalttaten, die sich gegen jeden in der nächsten Umgebung richten können, und zwar mit zwar zeitlich begrenzter, dann aber erstaunlich großer Kraftentfaltung. Dazu Fenster- und Türeneinschlagen, Zertrümmern von Möbeln, Bildern, Geschirr, schockierenderweise auch liebgewordenen eigenen Gegenständen, die vielleicht sogar den Mittelpunkt des Lebens bildeten und wie ein Schatz gehütet wurden. Das alles ist zwar selten, macht aber dann die ratlose Umgebung noch verwirrter. In diesem Zusammenhang sind natürlich auch Körperverletzungen möglich, teils gegen Angehörige, herbeigeeilte Nachbarn, Freunde oder Fremde, selbstverständlich auch Ärzte, Polizisten und Sanitäter, aber auch gegen die eigene Person: Selbstbeschädigung, ja bleibende Selbstverstümmelung und Selbsttötungsversuche – mitunter mit schmerzverachtenden, ja »heroisch« anmutenden Methoden. Einzelheiten zu den fremd- und selbstaggressiven Durchbrüchen später mehr.[47]

[47] Siehe Seite 112 und Seite 117

Hat der Schizophrene keinen Einfluß auf diese Erregungszustände und vor allem Gewalttaten mit bleibenden Folgen?

Das ist der Unterschied zwischen einem gesunden Gewalttäter und einem Psychose-Kranken. Der eine geht nüchtern, gezielt und skrupellos in der Auswahl seiner Methoden vor und kalkuliert zumindest bis zu einem gewissen Grade Einsatz und Folgen. Der andere ist nicht der Täter, sondern das Opfer seiner eigenen psychotischen Impulshandlungen, also das fast willenlose Werkzeug seiner Krankheit. Deshalb zeigen auch viele dieser schizophrenen Erregungszustände einen fast mechanischen Ablauf, der auf keine oder nur wenig innere Beteiligung hinweist, zumindest in der Mehrzahl der Fälle. Das ganze Drama ist nicht Ausdruck innerseelischer Vorgänge und schon gar nicht bewußter bösartiger Neigungen, sondern läuft mehr oder weniger automatisch ab. Man spricht deshalb auch von *Automatismen*, selbst im höchsten Zustand der Erregung. Die Betroffenen wirken wie unter fremdem Zwang, gegen den sie sich anfangs vergeblich zu wehren versuchen – bzw. am Schluß eben nicht mehr wehren können. So sind sie auch nicht routiniert in Wahl und Einsatz ihrer aggressiven Methoden und schon gar nicht raffiniert im Verwischen der Spuren nach der Tat. Später sind sie oftmals selber schockiert, bedauern den angerichteten Schaden und versprechen Besserung – ohne sie vielleicht halten zu können. Das alles beweist die krankhafte Grundlage solcher automatischen Impulshandlungen mit Erregungszuständen und ggf. Gewalttaten.

Ist das in jedem Falle so?

Nein, das kann man nun auch wieder nicht sagen. Dafür ist Zahl und Intensität möglicher Einflüsse zu groß: Persönlichkeitsstruktur und Erziehung des Betroffenen, Einfluß der Umgebung, vor allem aber natürlich Schweregrad der Psychose, bei bereits begonnener Therapie Erfolg oder Mißerfolg in der jeweiligen Behandlungsphase usw. Vor allem lassen sich zumindest beim Inhalt der aggressiven Durchbrüche gewisse Berührungspunkte zum eigenen Lebensschicksal vermuten. Da kann man – sofern man sich später die Mühe macht, darauf geduldig einzugehen –, auf so manche Kümmernisse, Sorgen, Benachteiligungen, Kränkungen, Frustrationen, Demütigungen, Überforderungen usw. stoßen. Nicht wenige für den Außenstehenden unverständliche Handlungen haben also einen nachvollziehbaren Sinngehalt.

Ein schlichtes, dafür aber einprägsames Beispiel ist die unschöne Situation, in der ein – durch die notwendigen Beruhigungsmaßnahmen sich gedemütigt und seiner Freiheit beraubt fühlender – Kranker im Isolierraum der psychiatrischen Aufnahmestation seinen Stuhlgang gegen das Sichtfenster an der Tür wirft und verzweifelt-wütend schreit: »Ich bin für euch doch nur Scheiße, da habt ihr sie...!«

Und was versteht man unter dem Gegenteil eines Erregungszustandes, einem Stupor?

Ein *Stupor* ist ein *seelisch-körperlicher Sperrungszustand*, eine Bewegungs- und Regungslosigkeit ohne Reaktion auf äußere Reize, bei jedoch klarem Bewußtsein. Früher waren solche Zustände häufiger und ausgeprägter und vor allem gefährlicher. Heute sieht man das nur noch selten, am ehesten in angedeutetem Zustand. Im Extrem spricht und ißt und trinkt der Patient nichts mehr, so daß er ggf. gefüttert oder durch die Sonde ernährt werden muß. Gelegentlich läßt er auch unter sich.

Dabei kann man noch einen sogenannten *schlaffen oder passiven Stupor*, also ein völliges Fehlen jeglichen Bewegungsantriebs und einen *gespannten oder gespannt-negativistischen*[48] *Stupor* unterscheiden, also eine aktive Sperrung aller Bewegungsmuster, ggf. einschließlich des Denkens.

[48] siehe Seite 101

Vor allem der gespannte Stupor kann durch plötzliche selbst- und fremdgefährliche Impulshandlungen durchbrochen werden. Eine solche Bewegungssperre ist also keine pflegeleichte oder bequeme Reaktion und vor allem nicht ohne Risiko. Hier sollte man umgehend medikamentös eingreifen, meist als Kombination aus einem hochpotenten Neuroleptikum gegen den psychotischen Zustand sowie einem *Benzodiazepin-Beruhigungsmittel*[49] zur gezielten Angstlösung. Denn solch ein Stupor macht natürlich nicht nur der Umgebung, sondern auch dem Betroffenen Angst und leitet damit einen Teufelskreis ein.

[49] *Benzodiazepine*: Gruppe von Beruhigungsmitteln mit beruhigender, entkrampfender und vor allem angstlösender Wirkung.

Wie steht es mit dem Gewalttatenrisiko psychisch Kranker im allgemeinen und Schizophrener im speziellen?

Die überwiegende Mehrheit gewalttätiger Menschen in unserer Gesellschaft ist weder seelisch noch anders krank – und deshalb voll verantwortlich. Wir beklagen zwar die wachsende Kriminalität, beginnen uns aber auch daran resigniert zu gewöhnen. Ist aber einmal ein seelisch Kranker darunter, dann gehen die Wogen besonders hoch. Ist dann noch ein Prominenter das Opfer, was ja in jüngerer Zeit mehrfach vorkam, dann können die Psychiater noch so oft auf die Statistik verweisen, das Meinungsbild steht fest: Psychisch Kranke, insbesondere Schizophrene, sind gefährlich. Dem sollte man – so die zumindest heimliche landläufige Meinung – mehr Rechnung tragen, d.h. sie dürften eigentlich nicht frei herumlaufen, um nur Schaden anzurichten...

Heißt das, daß psychisch kranke Gewalttäter zwar öfter im Gespräch, statistisch aber seltener betroffen sind?

Entgegen gängiger Meinung und trotz spektakulärer Medienberichte kommen *Gewalttaten Geistesgestörter* und *Geistesschwacher* nicht öfter vor, als es der Verteilung psychisch Kranker in der Gesamtbevölkerung entspricht. Mit anderen Worten: Seelisch Kranke sind nicht häufiger betroffen als Gesunde. Allerdings gibt es psychiatrische Krankheitsbilder mit erhöhtem Gewalttatenrisiko, und dazu gehören schizophren Erkrankte. Mit einem durchschnittlichen Gewalttatenrisiko ist zu rechnen bei Epilepsien und später erworbenen Hirnschädigungen sowie geistiger Behinderung. Ein unterdurchschnittliches Gewalttatenrisiko zeigen hirnorganische Abbauprozesse und vor allem affektive Psychosen wie die Depression und sogar die ansonsten so umtriebige Manie.

Gibt es charakteristische und damit konkret hilfreiche Erkenntnisse bei psychisch kranken Gewalttätern?

Männer überwiegen im Verhältnis 3:1. Das Alter liegt meist zwischen 20 und 40 Jahren, wie übrigens in der gesunden Bevölkerungsgruppe Krimineller auch. Eine familiäre Belastung ist möglich. Das betrifft z.B. aggressives Verhalten in der Herkunftsfamilie, ferner zerrüttete Familienverhältnisse und Alkoholismus. In der Regel sind die meisten psychisch kranken Gewalttäter schon mehrere Jahre seelisch krank und behandlungsbedürftig, bis es zur erstmaligen Tat kommt. Man muß also auf chronische Patienten eher aufpassen als auf akut Erkrankte. Die *Tatmotive* hängen u.a. vom Krankheitsbild ab: Bei den schizophrenen Psychosen und Hirnschädigungen sind es meist wahnhafte Beweggründe. Bei geistig Behinderten nicht selten Bereicherung oder Verschleierung einer Straftat; ferner Rache, Notwehr und Eifersucht. Die Opfer findet man meist in der engeren Familie, seltener unter Freunden und Bekannten, noch seltener Fremde oder zufällig Betroffene bzw. Autoritätspersonen. Letzteres sorgt zwar für den meisten Aufruhr, ist aber statistisch ohne Bedeutung. In der Regel sind leichtere aggressive Handlungen vorausgegangen, auf jeden Fall aber häufigere Drohungen, sogenannte Gewaltankündigungen. Das unterscheidet psychisch Kranke von der heimtückischen Strategie psychisch gesunder Gewalttäter. Denn wer zuvor droht, ist ja nach seiner Tat als erster verdächtig. Im politischen Bereich haben wir zwar ebenfalls mitunter Gewaltdrohungen, aber nicht von Einzelpersonen, sondern von Gruppen, die meist auch noch aus dem Untergrund heraus operieren. Kurz: Der psychisch Kranke mit Gewaltpotential geht meist offen vor – was man dann zur Gewaltverhinderung auch rechtzeitig nutzen sollte. Es gibt nicht wenige Beispiele dafür, wie man sich erst nach der Tat darüber klarzuwerden begann, daß die vorangegangene Drohung zwar skurril erschien, aber eben auch tragischerweise ernstgemeint war.

Wer ist bei den Schizophrenen besonders betroffen?

Bei den schizophren Erkrankten sind es offenbar vor allem solche mit einer *paranoiden* bzw. *paranoid-halluzinatorischen Schizophrenie*, also mit Wahnzuständen und Sinnestäuschungen. Nicht selten findet sich auch ein zusätzlicher Mißbrauch oder eine Abhängigkeit von Alkohol oder Rauschdrogen. Dies vor allem beim männlichen Geschlecht sowie Personen jüngeren und mittleren Alters.

Welches sind die häufigsten Ursachen und Auslöser einer schizophrenen Aggression?

In der *akuten schizophrenen Psychose* sind es meist *Erregungszustände*, bei denen die Steuerungsfähigkeit verlorengeht. Und es ist – das sei immer wieder betont, weil es für die Notfalltherapie von entscheidender Bedeutung ist –, oft hochgradige *psychotische Angst*. Eine solche Gefahr entwickelt sich in der Regel allmählich. Betroffen sind hier vor allem Bezugspersonen, also Angehörige, aber auch Helfer, z.B. Ärzte und das Pflegepersonal. Fremde sind nur selten in Gefahr.

Häufig sind es aber auch *Überforderungssituationen*, insbesondere im zwischenmenschlichen und Leistungsbereich. Hier ist vor allem auf den Risikofaktor *»zuviel Nähe«* zu achten. Gerade das können nämlich schizophren Erkrankte nur schwer ertragen. So schaukelt sich ein solches Drama oft in der eigenen Familie hoch, wenn beispielsweise der inzwischen erwachsene Patient ständig Vorhaltungen bekommt: nicht dauernd im Bett herumliegen, endlich mal das Zimmer aufräumen, sich an die üblichen Essenszeiten halten, ein Minimum an Hygienemaßnahmen zu beachten, wieder einmal zur Arbeit zu gehen usw. Ähnliches findet sich im stationären Bereich während der Klinikbehandlung. Besonders bei kurzer Therapiezeit ist der sogenannte Rehabilitationsdruck[50] mitunter so groß – gutgemeint zwar, aber ggf. gefährlich –, daß sich der Patient schließlich überfordert, in die Enge gedrängt, ja indirekt bedroht fühlt. Als Ausweg kann es dann zu aggressiven Durchbrüchen kommen. Oder – gar nicht so selten – zu selbstaggressiven Handlungen, bis hin zum Suizid.[51] Es ist also wichtig, die eingeschränkten Möglichkeiten des schizophren Erkrankten nicht nur zu kennen, sondern auch zu respektieren – so schwer es manchmal gutmeinenden Angehörigen, Vorgesetzten, Schwestern, Pflegern, Ärzten usw. fällt.

[50] *Rehabilitation*: alle Maßnahmen, die die partnerschaftliche, familiäre, berufliche Wiedereingliederung fördern.

[51] siehe Seite 117

Wie gefährlich sind bei schizophrener Aggressionsgefahr Sinnestäuschungen und Wahnzustände?

Am ehesten nachvollziehbar sind aggressive Durchbrüche durch ein entsprechendes *Wahnsystem*. Dann erfolgen die Gewalttaten aus einer subjektiv empfundenen Bedrohung heraus, also meist als reine Notwehr, in der sich der Kranke nicht mehr anders zu helfen weiß. So etwas ist leider schwer vorhersehbar und damit durchaus gefährlich, zumal es sich dabei um geplante Gewalttaten im Sinne eines »Befreiungsschlages« handeln kann, auf den niemand gefaßt war. Allerdings ist das selten. Um nun herauszufinden, ob man bereits in ein solches Wahnsystem einbezogen und ggf. bedroht ist, ist vor allem ein guter Kontakt zum Patienten notwendig. Natürlich ist das gerade in einer solchen Situation besonders schwierig. Es lohnt sich trotzdem, behutsam-beharrlich nachzufragen. Denn viele Patienten sind erstaunlich offen, was ihr wahnhaftes Erleben und den verzweifelten Versuch anbelangt, sich zu schützen – und sei es durch eine aggressive Reaktion.

Die *Sinnestäuschungen* spielen zwar beim Gewalttatenrisiko auch eine Rolle, sind aber ebenfalls selten. Dazu gehören vor allem die *Sinnestäuschungen des Gehörs mit befehlenden Stimmen*, die zur Gewalt aufrufen. Besonders gefährlich sind sie allerdings dann, wenn sie unvorhersehbar und mit hoher Aggressivität auftreten. Auch hier ist es wieder am besten, man weiß, was den Patienten quält, z.B. akustische oder sonstige Halluzinationen. Auch das kann man nur erfahren, wenn man mit entsprechendem Einfühlungsvermögen nachfragt. Der Kontakt ist das entscheidende, auch wenn er vom Patienten – scheinbar – nicht gewünscht oder brüsk zurückgewiesen wird. Für alle, die sich hier als unerwünscht oder zurückgestoßen fühlen: Nicht der Patient ist unnahbar, sondern seine schizophrene Psychose zwingt ihn zur Unnahbarkeit. Das ist ein großer Unterschied und sollte seiner verzweifelten Umgebung Trost und Ansporn sein, sich hier nicht resigniert und verbittert zurückzuziehen. Manchmal ist sogar wütende Abwehr ein Hilferuf.

Gibt es entsprechende Vorhersage-Kriterien, mit denen man sich vor aggressiven Durchbrüchen im allgemeinen und solchen bei Schizophrenen im besonderen schützen kann?

Für eine *unmittelbar oder kurzfristige Gewalttätigkeit* seelisch Gestörter sprechen beispielsweise eine feindselige Grundstimmung mit deutlich negativer Tönung durch Angst oder Ärger. Dazu Zeichen seelisch-körperlicher Erregung oder Anspannung und innerer Unruhe sowie Hinweise auf eine eingeschränkte Selbstkontrolle: bizarres, rasch wechselndes und hochgradig zwiespältiges Verhalten, was sich sogar im eigenen Wunsch nach Fixierung oder Isolierung ausdrücken kann; mündliche Gewaltandrohung; gewalttätige Gestik oder Sachbeschädigung; fehlende Ansprechbarkeit, selbst auf gezielte Kontakt- und Behandlungsangebote durch Angehörige, Pflegepersonal, Arzt usw.; unzureichende Rückzugsmöglichkeiten für den Patienten selber, was so manche heißgelaufene Situation entspannen könnte – aber viel zu wenig genutzt wird, sei es zu Hause, sei es unter den erschwerten Bedingungen einer Krankenstation.

Beurteilungskriterien für eine *mittelfristig drohende* Gewalttätigkeit in Stichworten sind: aggressive Handlungen in der Vorgeschichte; Alkohol- und Rauschdrogenkonsum; bestimmte Konfliktsituationen, die sich nicht selten immer wiederholen; organische Hirnschädigung mit verminderter Steuerungsfähigkeit; gewalttätige Phantasien: Haßgefühle, aggressive Tagträume, feindselige Grundeinstellung gegen bestimmte Menschen oder Gruppen. Dazu entsprechend gefährliche Symptome wie Wahn, befehlende Stimmen, die Unfähigkeit, Schuldgefühle zu entwickeln sowie eine aggressiv-feindselige Grundstimmung usw.

Wichtig sind in jedem Falle gute, zumindest aber tragfähige Beziehungen zum Patienten. Dabei muß man sich stets fragen: Sind sie noch vorhanden, konfliktbelastet oder gar in ihr Gegenteil umgeschlagen? Sehr wesentlich ist vor allem die Therapiewilligkeit, insbesondere die Einnahmezuverlässigkeit der verordneten Medikamente. Werden sie plötzlich, unbegründet oder reizbar bis aggressiv weggelassen, muß das als Zeichen einer drohenden Gesundheitsverschlechterung bzw. eines Rückfalls und damit als Warnsignal gedeutet werden.

Wie würden Sie das Kapitel »Gewalttätigkeit von Schizophrenen« zusammenfassen?

Die Gefahr von aggressiven Durchbrüchen und damit Gewalttaten – gegen sich selber und andere – ist bei schizophren Erkrankten weder zu beschönigen, noch zu dramatisieren. Trotzdem sollten Angehörige, Bekannte, Pflegepersonal und Arzt die charakteristischen Aggressionsmuster dieser Kranken kennen, um darauf eine halbwegs wirkungsvolle Gewalttätigkeits-Vorhersage aufbauen zu können. Das beste ist ein guter Kontakt, der – trotz aller Mühsal – ständig gepflegt und für dieses Problem auch konsequent genutzt werden sollte.

Selbsttötungsgefahr und Schizophrenie

Wir sprachen jetzt lange über eine mögliche Aggressivität Schizophrener. Ein zahlenmäßig größeres Problem ist aber doch die Gefahr, daß diese Kranken Hand an sich selber legen. Was weiß man darüber?

Die hohe *Suizidgefahr* ist die noch größere Tragik dieses Leidens: Etwa jeder zehnte schizophren Erkrankte stirbt von eigener Hand. Betroffen sind mehr Männer als Frauen und mehr Jüngere als Ältere, vor allem beim männlichen Geschlecht und in den meisten Fällen vor dem 45. Lebensjahr. Die Mehrzahl ist unverheiratet und ohne festen Arbeitsplatz, doch das scheint nicht die entscheidende Schwierigkeit zu sein. Man glaubt sogar, daß die durch Selbsttötung endenden Schizophrenen in der Regel einen besseren Ausbildungsstand und ein höheres intellektuelles Niveau haben.

Wann ist die Selbstmordgefahr am größten?

Man kann sich des Eindrucks nicht erwehren, daß bisher relativ gut angepaßte und durchaus erfolgreiche schizophren Erkrankte besonders dann in Suizidgefahr geraten, wenn sie schließlich die verheerenden Auswirkungen ihres Leidens auf ihre Lebenssituation und vor allem ihre Zukunftsaussichten klar erkennen. In der Tat haben viele eine schwere und lange Leidensgeschichte hinter sich, charakterisiert von Rückfällen, leidlicher Erholung, erneuten

Rückfällen, meist mit Klinikaufenthalt usw. Einige, vor allem junge und dann in der Regel männliche Schizophrene gehen sogar recht bald nach Ausbruch ihres Leidens in den Tod – oftmals innerhalb der ersten 10 Krankheitsjahre. Häufig erfolgt der Suizid in einer weniger ausgeprägten psychotischen Phase oder unmittelbar danach – und erscheint damit besonders unverständlich. Die Erklärung ist aber relativ einfach: Erst wenn der mittlerweile chronisch kranke Schizophrene in einer weniger beeinträchtigenden oder nicht-psychotischen Phase die scheinbare Aussichtslosigkeit seiner Situation erkennt und ahnt, was ihm noch bevorsteht, sieht er nur noch im freiwilligen Tod eine Lösung oder Erlösung.

Welches sind die gefährlichsten Auslösefaktoren einer schizophrenen Suizidhandlung?

Dabei muß man zweierlei unterscheiden: Als generell suizid-auslösend gelten beispielsweise der Verlust eines nahestehenden Menschen, des sozialen Ansehens, ferner persönliche Niederlagen, Isolationsgefahr, schwere Erkrankung usw. Für die *Suizidbereitschaft eines schizophrenen Patienten* scheint dies aber von geringerer Bedeutung zu sein. Tatsächlich findet man bei diesen Kranken während der letzten Monate ihres Lebens keine wesentlich schwereren Verlusterlebnisse als im allgemeinen zu erwarten wäre. Wahrscheinlich fallen hier krankheitsspezifische Veränderungen weitaus schwerer ins Gewicht. Dazu gehören vor allem Rückfälle, Klinikeinweisungen und – so sonderbar es sich anhört – die Klinikentlassung. Die meisten Suizide stationär behandelter Schizophrener drohen innerhalb eines halben Jahres nach *Klinikeinweisung*, manchmal schon in den ersten Wochen. An zweiter Stelle steht die Zeit nach der *Entlassung*. Von denjenigen, die sich nach der Klinikentlassung das Leben nehmen, tun das fast ein Drittel innerhalb der ersten 4 Wochen, die Hälfte innerhalb des ersten Vierteljahres.

Was spielt beim Suizid eines Schizophrenen die größte Rolle?

Das ist auch hier ein individuelles Phänomen. Einer der wichtigsten Faktoren aber scheint die Frage zu sein: integriert in Familie oder zumindest Partnerschaft – oder allein. Das Tragische daran ist, daß diese Isolationsgefahr ja weniger von den Angehörigen ausgeht, obgleich diese sicher schwer belastet sind, sondern vom Patienten selber. Deshalb ist es von elementarer Wichtigkeit, schizophren Erkrankte konsequent zu betreuen, nicht zuletzt *nach* einer klinischen Behandlung. Und vor allem trotz aller Widerstände durch den Patienten, bis hin zu aggressiver Zurückweisung, die man sich dabei mitunter gefallen lassen muß.

Es gibt ja eine Reihe von Kriterien, die auf eine erhöhte Selbstmordgefahr hinweisen. Gilt dies auch für Schizophrene?

Für schizophren Erkrankte haben diese Kriterien ebenfalls Bedeutung, auf jeden Fall sollte man darauf achten. Ansonsten scheint bei den Schizophrenen vor allem die Resignation und Hoffnungslosigkeit bezüglich ihres Krankheitsverlaufs die größte Rolle zu spielen. Suizidgedanken, sogar heimliche Suizidversuche sind deshalb nicht selten und müssen ernstgenommen werden. Mehr oder weniger charakteristische *Warnsignale* sind auch zunehmende Rastlosigkeit, Unruhe und Gespanntheit, ja Gereiztheit, Aggressivität – und Angst. Das hat dann aber – wie erwähnt – weniger mit einer akuten psychotischen Erkrankung zu tun, obgleich es natürlich auch das gibt, eher mit einem leidlich gebesserten Zustand, in dem dem Kranken sein Leiden besonders aussichtslos vorkommt.

Wie würden Sie die notwendigen Schritte zur Verhinderung einer solchen unglückseligen Entwicklung mit ein oder zwei Merksätzen umschreiben?

Es gibt da tatsächlich zwei bekannte und hilfreiche Leitsätze, die ich hier zum Abschluß zitieren darf. Der eine lautet: »Selbstmörder ist man lange, bevor man Selbstmord begeht.« Oder noch eindrücklicher: »Selbstmord, das ist die Abwesenheit der anderen.«

1. *Benedetti, G.:* Todeslandschaften der Seele. Psychopathologie, Psychodynamik und Psychotherapie der Schizophrenie. Verlag Vandenhoeck & Rupprecht, Göttingen 1983

2. *Blankenburg, W.:* Der Verlust der natürlichen Selbstverständlichkeit. Ein Beitrag zur Psychopathologie symptomarmer Schizophrenien. Enke-Verlag, Stuttgart 1971

3. *Bleuler, E.:* Dementia praecox oder die Gruppe der Schizophrenien. Verlag Franz Deuticke, Leipzig & Wien 1911

4. *Bleuler, E.:* Lehrbuch der Psychiatrie. Neu bearbeitet von M. Bleuler. Springer-Verlag, Berlin – Heidelberg – New York – London – Paris – Tokyo 1994

5. *Bleuler, M.:* Die schizophrenen Geistesstörungen im Lichte langjähriger Kranken- und Familiengeschichten. Georg Thieme, Stuttgart – New York 1972

6. *Ciompi, L.:* Affektlogik. Verlag Klett-Cotta, Stuttgart 1984

7. *Conrad, K.:* Die beginnende Schizophrenie. Georg Thieme, Stuttgart – New York 1992

8. *Faust, V.:* Depressionsfibel. G. Fischer-Verlag, Stuttgart – Jena – New York 1995

9. *Faust, V. (Hrsg.):* Psychiatrie. Ein Lehrbuch für Klinik, Praxis und Beratung. G. Fischer-Verlag, Stuttgart – Jena – New York 1995

10. *Huber, G., G. Gross, G. Schüttler:* Schizophrenie. Springer-Verlag, Berlin – Heidelberg – New York 1979

11. *Huber, G.:* Psychiatrie. F. K. Schattauer, Stuttgart – New York 1994

12. *Jaspers, K.:* Allgemeine Psychopathologie. Springer-Verlag, Berlin – Heidelberg – New York 1973

13. *Kiesker, K. P. und Mitarbeiter (Hrsg.):* Psychiatrie der Gegenwart 4: Schizophrenien. Springer-Verlag, Berlin – Heidelberg – New York – London – Paris – Tokyo 1987

14. *Kloos, G.:* Psychiatrie und Neurologie. Rudolph Müller & Steinicke, München 1962

15. *Kraepelin, E.:* Psychiatrie. Barth, Leipzig 1899

16. *Leonhard, K.:* Aufteilung der endogenen Psychosen. Akademie-Verlag, Berlin 1980

17. *Scharfetter, C.:* Allgemeine Psychopathologie. Eine Einführung. Georg Thieme, Stuttgart – New York 1991

18. *Scharfetter, C.:* * Schizophrene Menschen. Beltz-Verlag, Weinheim – New York 1995

19. *Schneider, K.:* Klinische Psychopathologie, Georg Thieme, Stuttgart 1939

20. *Steinert, T.:* Aggressionen bei psychisch Kranken. Enke-Verlag, Stuttgart 1995

* Fachbuch, als Übersicht, aber besonders empfehlenswert

Sachwortverzeichnis